REDLINE WIRTSCHAFT
bei ueberreuter

Oliver
Alexander
Kellner

SIM SALA WIN!

Mit Zauberei
verkaufen,
begeistern
und gewinnen

REDLINE WIRTSCHAFT
bei ueberreuter

Oliver Alexander Kellner
SIM SALA WIN: Mit Zauberei verkaufen, begeistern und gewinnen
Frankfurt/Wien: Redline Wirtschaft bei Ueberreuter, 2003
ISBN 3-8323-0955-1

Unsere Web-Adressen:

http://www.redline-wirtschaft.de
http://www.redline-wirtschaft.at

Inhalt

Vorwort

In diesem wunderschönen Buch verquickt Oliver Kellner leicht erlernbare Zauberkunststücke, die Ihren Horizont erweitern, mit wirksamen Tipps zum Durchstarten Ihrer Firma.

In der heutigen Wirtschaft gehen fast alle im Gleichschritt. Produkte und Dienstleistungen unterscheiden sich kaum. Keiner wagt origineller zu sein als der andere. Was fehlt, ist der Mut als Unternehmer Dinge zu tun, die aus der Masse herausragen und dadurch deutlicher in der Erinnerung der Kunden zu bleiben. Oliver Kellner gibt Ihnen eine Anleitung dazu. Er gibt Ihnen Tipps, wie Sie beispielsweise nur schon beim Überreichen der Visitenkarte bei Ihrem Kunden aus der Reihe tanzen.

Jeder Mensch sagt, die Arbeit soll Spaß machen. Darüber herrscht allgemeine Einigkeit. Aber gehen Sie mal in die Firmen und schauen Sie die Gesichter an, wie es aussieht, wenn Arbeit Spaß macht. Da sehen Sie kaum jemanden lächeln, geschweige denn herzhaft lachen. Da wird im Normalfall bierernst und verbissen malocht und verhandelt. Mehr Humor ins Geschäftsleben zu bringen, dafür tritt dieses Buch ein. Hier wird Ihnen gezeigt, wie Sie mit Humor und Leichtigkeit mehr Freude an Ihrer Tätigkeit bekommen und dazu noch bessere Geschäfte machen.

In diesem Buch beschreibt Oliver Kellner, wie Sie es schaffen in die Presse zu kommen. Das wagen die meisten Selbständigen und Unternehmer schon gar nicht, weil sie denken: „Mein Produkt ist doch zu uninteressant – da schreibt sowieso keiner was drüber." Nein, falsch: Oliver Kellner zeigt Ihnen, und er hat es vor allem auch selbst vorgemacht, wie Sie zu jedem Produkt etwas inszenieren können, so dass es die Presse interessiert.

Oliver Kellner propagiert den Stil, der heutzutage in der Wirtschaft fehlt: nämlich mehr originelle, kreative, ungewöhnliche Einfälle zu haben und, was noch wichtiger ist, diese auch wirklich in die Tat umzusetzen und nicht erst zu überlegen: „Wird das auch wohl ankommen? Was denken die dann von mir?" Seine Einfälle, Tricks und unkonventionellen Ansätze hat er in seinem Leben selbst mit Erfolg angewandt. Er ist einer der wenigen, die wirklich tun, was sie predigen.

Wie Sie übers Telefon bessere Geschäfte machen, wie Sie präsentieren, so dass es wirklich ankommt, wie Sie Kunden dazu bringen für Sie zu verkaufen, wie Sie in die Presse kommen, wie Sie in weniger Zeit mehr erledigen können – das alles ist in einer sehr unterhaltenden Art in diesem Buch beschrieben.

Ich habe Oliver Kellner selbst erlebt. Von 200 Trainern, die mir begegnen, sind 30 % schlecht, 50 % Mittelmaß und 20 % gut bis sehr gut – aber nur einmal in fünf Jahren begegnet man einem Talent wie ihm!

Er ist vom Scheitel bis zur Sohle authentisch. Wenn Sie ihn als Person kennen lernen, können Sie sich seinem Bann nicht entziehen. Der Bursche ist einfach gut. Aus ihm sprüht genau der positive Lebensmut, den er propagiert und der sich auch in seinem Buch widerspiegelt.

Ich wünsche ihm als Autor und als Trainer den Erfolg, der ihm gebührt.

Matthias Pöhm, Bestsellerautor und
Deutschlands Schlagfertigkeitstrainer Nr. 1

Einleitung

Im Jahr 1599 sagte ein berühmter Mann namens William Shakespeare: „Die ganze Welt ist eine Bühne!"
Über 400 Jahre sind vergangen und wieder kommt einer mit den Worten „Die ganze Welt ist eine Bühne!". Sein Name: Oliver Alexander Kellner, sein(e) Beruf(ung): Trainer und Entertainer einer neuen Zeit, die scheinbar von Business geprägt wird.
Doch eigentlich kann Ihnen diese ganze Story (wie man in Bayern sagt) „wurscht" sein. Was wirklich zählt, ist, dass hier und jetzt Ihre eigene Geschichte beginnt.
Vor Ihnen liegt ein Seminarbuch der besonderen Art. Mein Anliegen ist, Sie gezielt für Dinge außerhalb Ihrer Komfortzone zu begeistern. Es geht darum in dieser Businesswelt in möglichst vielen Bereichen eine Nasenlänge Vorsprung zu haben. Sie sollen hier bewusst Werkzeuge aus der Praxis in die Hand bekommen, die Sie schon ab morgen im Alltag einsetzen können. Aus der Praxis bedeutet: Botschaften aus meiner Tätigkeit als Trainer renommierter Unternehmen und Erfahrungen als Zauberkünstler und Bauchredner auf zahlreichen Bühnen. Sie zweifeln? Genau dies ist die Einstellung, die ich mir wünsche. Jetzt sind Sie bereit für dieses Buch. Zweifler sind kreative Menschen, die sich zutrauen Regeln zu brechen. Ich lade Sie ein, ab morgen bestimmte Dinge anders zu sehen, anders anzugehen und vor allem einige Regeln bewusst zu brechen. Dies ist der erfolgreiche Weg zur zauberhaften Entertainment-Persönlichkeit, auf dem ich Sie gerne begleiten möchte ...

Viel Erfolg und Freude dabei wünscht Ihnen

Oliver Alexander Kellner

Gebrauchsanweisung für dieses Buch

Machen Sie sich frei von den Gedanken anderer. Gewöhnen Sie sich langsam daran anders zu sein als die Gleichen!

Dies ist Ihr Buch. Trauen Sie sich, die für Sie wichtigen Dinge dick anzustreichen. Noch wichtiger – **führen Sie die Aufgaben auch wirklich schriftlich aus**. Nur so haben Sie 100 Prozent Nutzen!

Dieses Buch soll Sie auf dem ganzheitlichen Weg zur Entertainment-Persönlichkeit begleiten. Um die Begeisterung dafür ohne Unterbrechungen aufnehmen zu können, ist es auch in Ordnung, die Zauberkunststücke erst einmal zu überspringen. Diese können Sie auch noch einmal in einem Extra-Durchgang genauer betrachten. Dabei hilft Ihnen das Kunststück-Verzeichnis am Ende des Buchs.

Dieser Schlüssel zeigt Ihnen als Anregung einige **Schlüsselworte** auf, die Möglichkeiten darstellen diesen Trick auch unter anderen Aspekten zu präsentieren.

„A" steht für **Aufgabe**, „N" für **Nachgedacht**, das **Kaninchen im Zylinder** kündigt ein Kunststück an und den Rest finden Sie einfach selbst heraus!

Auf jeder Aufgabenseite ist die obere Ecke gestrichelt eingezeichnet. Haben Sie sich entschlossen hier etwas umzusetzen, **reißen Sie die Ecke auf dieser Seite entlang der Linie ab**!

Am Ende des Buches lassen Sie Ihre Seiten einfach wie ein Daumenkino abrauschen. Das Buch stoppt Sie nun von selbst an den für Sie wichtigen Aufgaben, die Sie umsetzen wollten. Bitte sicherheitshalber auch auf der Rückseite nachsehen, vielleicht hatten Sie sich ja hier auch etwas Wichtiges vorgenommen – auch in einem Zauberbuch hat eine Vorder- und Rückseite eben nur eine gemeinsame obere Außenecke. Näheres dazu im **Umsetzungskapitel** am Ende des Werkes.

Dieses Buch verzichtet teilweise bewusst auf den „roten Faden". Was zählt, sind Highlights aus der Praxis für die Praxis. Wenn Sie den Film „Harry Potter" gesehen haben, erinnern Sie sich vielleicht an diesen Ausspruch: „Der Zauberstab sucht sich seinen Zauberer." Genauso ist es mit diesem Buch; **die für Sie bestimmte Botschaft wird Sie sicher berühren und bewegen**. Alles andere lassen Sie bitte einfach im Regel dieses magischen Supermarktes stehen, der Nächste freut sich bestimmt darüber!

 Optional zu diesem Buch gibt es eine so genannte **Zauberbox**. Darin befinden sich 9 ausgewählte Requisiten, die teilweise in ähnlicher Form auch im professionellen Bereich eingesetzt werden. Diese sind im Buch mit nebenstehendem Signet gekennzeichnet. Das Tolle daran: Sie können diese Kunststücke ohne große Fingerfertigkeit schon nach wenigen Minuten mit Erfolg vorführen.

 Sollte daneben eine **Schere** abgebildet sein, bedeutet dies, dass Sie sich das Tool mit etwas Aufwand auch **selber basteln** können. Jedoch möchte ich darauf hinweisen, dass der Zeitaufwand dafür meist nicht in Relation zur günstigen Box steht.

Die sieben goldenen Regeln der Zauberkunst

Dieses Seminarbuch soll Sie Ihrem Erfolg und auch der Magie näher bringen. Bitte erweisen Sie diesem besonderen Handwerk den ihm gebührenden Respekt und halten Sie sich auch im eigenen Sinne an die sieben goldenen Regeln:

1. Kunststücke vorher entsprechend einüben.
2. Hauchen Sie dem Trick durch Ihre besondere Story Leben ein.
3. Zeigen Sie nie ein Kunststück zweimal hintereinander (es sei denn, es ist speziell dafür konzipiert).
4. Sie müssen wissen, wann Sie anfangen und wann Sie aufhören sollten. Nicht zu jedem Anlass ist Zauberei passend. Zudem ist weniger manchmal mehr.
5. Stellen Sie keine Helfer oder Zuschauer bloß. Oberstes Gebot: Ihr Gast soll sich auf der „Bühne" wohl fühlen.
6. Berauben Sie Ihre Zuschauer nicht Ihres höchsten Genusses – der Illusion. Behalten Sie Ihre Geheimnisse für sich.♥
7. *Speziell zu diesem Buch:* Bitte verkaufen Sie sich nach diesem Werk nicht gleich als Zauberer. Sie werden so unter Umständen zur flapsigen „Trickmaschine", die sich ständig die Frage: „Haste noch einen?" anhören muss. Nutzen Sie vielmehr die angeführten Kunststücke um auf „etwas andere" Weise nachhaltig Ihre Botschaften bei anderen zu verankern. Dies ist Ihr Weg zur echten Entertainment-Persönlichkeit!

♥ Aber warum verrät dann dieses Buch einige Geheimnisse? Die Botschaft ist einfach: Es ist mein Anliegen die Zauberkunst zu fördern. Etwas zu fördern, bedeutet vorrangig Interesse zu wecken und schließlich erste Erfolge zu motivieren. Ihr ernsthaftes Interesse haben Sie mit dem Kauf dieses Buchs bereits gezeigt – ich liefere Ihnen jetzt die ersten Erfolge. Wie Ihr Weg zur Zauberkunst weiter aussehen kann, das lesen Sie im Schlusskapitel „Infiziert vom Virus Magicus?".

Zauberer einst und heute

Menschenbegeisterer, Top-Verkäufer und ...

Damit Sie dieses Buch nicht nur lesen, sondern auch die damit verbundene Bedeutung für die Zauberkunst „erfühlen" können, zuerst ein kleiner Ausflug in die Geschichte der historischen Zauberwelt.

Das wohl älteste Dokument des Zauberns, der Papyrus Westcar, stammt aus der Zeit 2900 v. Chr. und schildert die erste belegbare Zaubervorstellung, die der Ägypter Dedi vor dem König Cheops gab. Historische Überlieferungen berichten zudem von besonderen Tempelpriestern, die es keineswegs verschmähten, allerhand Zaubertricks anzuwenden, mit denen sie göttliche Wirkungen vorzutäuschen verstanden. Verborgene Sprechrohrleitungen, wie sich eine in der Tempelruine bei Alba (einem Dorf am Fuciner See in Italien) fand, dürften für so manches sprechende Orakel beispielhaft sein.

Auf dem Weg zum Verkäufer Auch im römischen Weltreich wurde gezaubert, besonders die zaubernden Griechen galten dort als sehr beliebt. Darbietungen gab es beim Adel, auf Märkten und Erntefeiern. Da die Römer es verstanden zu feiern, bedeutete dies auch für die reisenden Gaukler keine schlechte Konjunktur. Diese Welt der Täuschungskünstler verbreitet sich langsam wohl im Gefolge der Römer, im Tross der Heerzüge, bis nach Germanien. Doch im Laufe der Zeit verloren diese die Privilegien, die sie bisher genossen hatten. Sie wurden gleichrangig behandelt mit kleinen Artisten, Lotterbuben, Wahrsagern, Akrobaten, Wundbadern und auch Gaunern. Ihre Kunststücke waren in der Regel nun auf einen praktischen Nutzen hin ausgerichtet, sie sorgten für Aufmerksamkeit – „Klappern gehörte zum Handwerk". Doch für einen Trick allein ließ sich schwerlich von den Zuschauern etwas kassieren. Für ihr Geld wollten die Leute Handfesteres – meist waren es Arzneien und Wunderelixiere. Somit wurden die Zauberkünstler wortwörtlich zu echten *„Power-Verkäufern"* mit allen Tricks.

Doch es sollte schlimmer kommen. Die Stadtväter sprachen drastische Strafandrohungen aus, um solche unerbetenen Gäste von ihren Mauern fern zu halten. Die Zauberer konnten oft nur noch vor den Stadttoren ihre Kunst ausüben. Schließlich wurden die Gaukler und Taschenspieler für vogelfrei erklärt: Wem immer es passte, durfte sie töten. Obendrein schürte die Kirche noch die Angst vor dem Teufel und es war nur zu nahe liegend, dass diese Wundermänner mit ihm einen Pakt haben müssen. Zahlreiche behördliche Verordnungen verdammten die Zauberer wie Hexen deswegen zum Flammentod.♦

Salonfähige Zauberkunst?

Doch gab es im 17. und 18. Jahrhundert eine Reihe von Zauberkünstlern, die es geschafft hatten auch für bessere Gesellschaftskreise, darunter Fürsten und Könige, aufzutreten. Ihre Kunst war anspruchsvoller geworden, die Kleidung samt Szenerie kostbarer und es wurde auf einer Bühne gespielt. Nicht selten hatten diese Künstler ihre Wurzeln in der Wissenschaft. So zum Beispiel Philadelphia, der eigentlich mit bürgerlichem Namen Jacob Meyer hieß. Er beschäftigte sich mit Mathematik, Mechanik und Metaphysik. Ein weiterer Künstler dieser Zeit war Pinetti, der Professor für Mathematik und Physik in Rom war. Er liebte es seine *Vorlesungen* anschaulich zu gestalten und setzte zu diesem Zwecke anfangs seine Zauberei ein. Mit dem 19. Jahrhundert spaltete sich das Zauberlager deutlicher in zwei Bereiche: das der Gaukler und Taschenspieler auf der Straße und das mit den Stars wie dem bekannten Robert-Houdin auf der großen Bühne. Die Zauberkunst wurde salonfähig.

Bis heute begegnen uns (wenn auch wesentlich breiter gefächert) beide Lager. Die Welt der Straßenkünstler und die Welt der ganz großen Stars mit Namen wie David Copperfield oder den beiden Deutschen Siegfried Fischbach und Roy Horn, besser bekannt als Siegfried und Roy aus Las Vegas. Doch eines haben sie mit allen ihren Kollegen, ob Profi oder Hobbykünstler, gemeinsam – die Leidenschaft für die Zauberei.

♦ So wurde tatsächlich noch im Jahre 1737 ein Taschenspieler, der Begleiter des herumreisenden Zahnbrechers Johann Plan aus Breslau, zu Schwersenz bei Posen der Zauberei angeklagt, auf dem polnischen Bock gefoltert und gehängt.

So oder so ähnlich muss er wohl ausgesehen haben, der fahrende Taschenspieler. Zu einem der historisch überlieferten Klassiker zählt das hier gezeigte Becherspiel. *Zeichnung: Ussi*

Business und Zauberkunst

Doch jetzt zurück zu diesem Buch. Die Geschichte hat uns gelehrt, dass Zauberer stets *hervorragende Verkäufer* waren. Sie mussten sich selbst und auch ihre Wunderelixiere vermarkten, um zu überleben. Die Zauber-Verkäufer wussten von der Wirkung ihrer Sinnestäuschungen und setzten diese in Verbindung mit zahlreichen kommunikativen Tricks bewusst ein. Zudem waren sie Menschen, die *andere begeistern* und auch sich selbst immer wieder aufs Neue *motivieren* konnten. Es war sicher ein aus der Praxis gewachsener und angewandter Zweig der Psychologie, der sie zu besonderen Menschenkennern werden ließ. Sie wurden vom einstigen Freiwild zur anerkannten Entertainment-Persönlichkeit und dennoch liegt manchmal noch bis heute ein kleiner Schatten des einfachen Tricksers und Falschspielers über ihnen.

Zauberer, die sich in fremder Gesellschaft ohne Engagement als solche vorstellen, spüren nicht selten noch den Hauch einer Zweiklassenwelt. Nicht selten hört man dann Aussagen wie: „Ah, Sie zaubern für Kinder. Treten Sie auch vor Erwachsenen auf?" oder „Kann man damit Geld verdienen?". Ohne es direkt zu sagen, sind Sie in den Augen solcher Fragesteller vielleicht der nette Kinderpartyclown oder Straßengaukler, aber keine seriöse Person, der man sogleich aufgrund des Berufsbildes Vertrauen schenkt.

Mit der Befürchtung, ich könnte wie seinerzeit der Professor Pinetti von Kollegen verspottet zu werden, lebte ich in meiner Welt als Trainer und Seminarleiter. Bei meinen „seriösen Firmen" sollte es auf keinen Fall durchdringen, dass meine zweite Leidenschaft die Zauberei war. Erst später hatte ich den Mut öffentlich den Nutzen der Zauberei für Präsentation, Verkauf und andere Lebensbereiche auszusprechen. Es ließ sich eben doch nicht geheim halten ... und ich wurde von selbigen Unternehmen für beide Bereiche engagiert. Das „mentale Eis" bei mir selbst war gebrochen und seit diesem Tag entstanden zauberhafte Seminare und Vorträge, die wesentlich erfolgreicher waren als vorher. Somit bin ich besonders stolz auf den Titel dieses Buches. Hier rücken die beiden Bereiche „Zauberei" und „Wirtschaft" deutlich zusammen, was wiederum dieses Handwerk auch in Businesskreisen noch salonfähiger werden lässt. Das soll gleichzeitig für Sie Motivation sein, das zauberhafte Wissen dieses Buches aktiv in Ihrem Bereich einzusetzen. Die alten Zauberer waren echte Persönlichkeiten und dieses Werk hat schon gewonnen, wenn Sie sich nur ein bisschen für diesen ganzheitlichen Weg begeistern und auch nur einen Teil von dem Gelesenen umsetzen.

Genug der Worte – jetzt beginnt die Praxis!

Meine Show – mein Produkt „ICH"

Was David Copperfield und Sie gemeinsam haben ...
Oder: Basiszauberkompetenzen, die Sie erfolgreich machen!

Alle großen Zauberer, Entertainer, Führungskräfte und Verkäufer „genießen" und *erfreuen sich an Menschen*, nutzen ihre eigene *Entertainment-Persönlichkeit* und haben sich einen gewissen *BQ*♠ bewahrt. Dass dieses „Erfolgsgesetz" unabhängig von Branchen- und Herkunftseinflüssen funktioniert, belegt beispielsweise auch der Dalai Lama. Allein sein Humor, den sich dieser besondere Mensch trotz aller tief greifenden Erlebnisse bewahren konnte, spricht Bände.

Ich behaupte, dass jeder Mensch diese drei wichtigen Eigenschaften alle von Geburt aus mitbringt. Jedoch haben wir immer wieder „gelernt", dass diese Erfolgsgeheimnisse in unserer Businesswelt *scheinbar* nicht erwünscht sind. Wenn Sie bewusst *keinen* Erfolg wollen, dann glauben Sie doch folgenden Gedankengängen von Menschen, die kaum ihre eigene begrenzte Welt verlassen:

♠ BQ = Blödelquotient

♣ Hier ein großes „Entschuldigung" an das Unternehmen Bosch, das heute zu den positiven Beispielen in Sachen Mitarbeiterführung zählt – es reimt sich halt so gut und keiner weiß mehr so recht, woher es kommt.

1. „Menschen ‚genießen' und sich an ihnen freuen – so ein Quatsch – wir werden ständig von Mitarbeitern, Vorgesetzten, Lieferanten und vielen anderen enttäuscht. Das Einzige, was hilft, ist Druck."

2. „Eigene Entertainment-Persönlichkeit nutzen – Blödsinn – ich bin doch nicht beim Theater. Menschen haben zu funktionieren."
   Im Sinne von: „Du bist da um zu arbeiten, nicht um zu denken!" oder „I schaff beim Bosch, I halt mei Gosch!" oder „Hättsch dei Gosch ghalta, hätt di d'Bosch bhalta!"♣

3. „BQ oder ‚Lächle mehr als Andere' – Schmarrn – was sollen wir mit Humoristen und Träumern, wir sind im harten Business, nicht in einer Faschingsgesellschaft."

Menschen künftig zauberhaft neu entdecken

Zauber-kompetenz Nummer 1

Ich möchte Sie einladen zauberhaft neue Wege zu gehen, bzw. Sie darin bestärken, dass Sie in vielen Bereichen auf dem richtigen Weg sind und Ihnen keiner diese „Juwelen" nimmt. Denken Sie einfach an Ihren letzten Autokauf. Vorher sahen Sie sicher einige Fahrzeuge des gleichen Fabrikates herumfahren. Jetzt, nachdem Sie selbst diese Marke besitzen, sind es scheinbar doppelt so viele. Simsalabim, Ihre Zauberbrille hat sich auf dieses Modell spezialisiert und nimmt es deshalb wesentlich intensiver wahr.

Wenn wir also danach suchen, warum das „Publikum" uns enttäuschen will, werden wir täglich Dinge zur Bestätigung entdecken. Das Ergebnis: Sie trauen niemandem mehr, Sie schrumpfen Ihren Bekannten- und Netzwerkkreis und verringern damit die Zahl Ihrer besten Werbebotschafter. Kaum einer spricht mehr über Sie, die Aufträge gehen zurück. Jetzt endlich ist sie da, Ihre ersehnte Wahrheit: „Die Welt ist schlecht und ich hab´ Recht!"

Setzen Sie umgekehrt doch mal die „Sunshine-Zauberbrille" auf. Suchen Sie in Ihrem Job, in Ihrem Kollegen-, Bekannten- und Freundeskreis gezielt Dinge, die einfach toll sind. Das Ergebnis: Sie werden vielleicht jemanden ein Kompliment aussprechen. Dieser positive Gruß an sein Unterbewusstsein sitzt und Sie sind für die nächste Empfehlung auf seiner emotionalen Rangliste zehn Punkte nach oben gerutscht. Die „Chemie" stimmt, das Geschäft läuft und Sie haben Recht: „Magie ist, mehr zu lächeln als andere!"

Eigene Entertainment-Persönlichkeit nutzen

Zauber-kompetenz Nummer 2

Jürgen von der Lippe liebt sein Hawaiihemd und steht dazu, dass sein Körpergewicht im Verhältnis zu seiner Größe nicht direkt ideal ist. Er hat es nicht nötig, sich zu verstellen, bewegt sich auf der Bühne scheinbar wie im heimischen Wohnzimmer und zählt zu den konstanten Publikumslieblingen. Verona Feldbusch spielt erfolgreich sich selbst und hat nie behauptet hyperintelligent zu sein. Deshalb muss sie dies auch nie beweisen, kann wiederum somit ganz sie selbst sein und ist nicht zuletzt dadurch äußerst beliebt und sympathisch. Es geht darum, die eigene Entertainment-Persönlichkeit zu entdecken und diese zudem zu unterstreichen. Wie das geht? Dazu mehr in der Aufgabe auf der übernächsten Seite und im Kapitel „AAG – vom Scheitel bis zur Sohle".

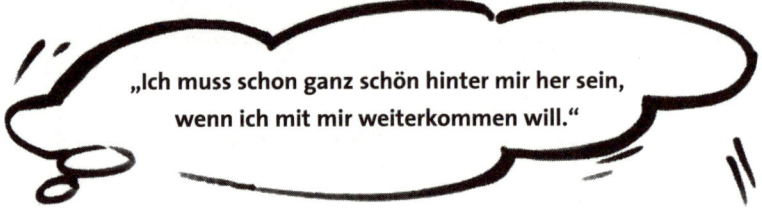

„Ich muss schon ganz schön hinter mir her sein, wenn ich mit mir weiterkommen will."

BQ oder „Lächle Mehr Als Andere"

**Zauber-
kompetenz
Nummer 3** In meinen Seminaren schenke ich den Teilnehmern gern einen kleinen gelben Smiley mit der Aufschrift „Lächle Mehr Als Andere". Diese kleben später meist im Sichtbereich, zum Beispiel auf dem Computerbildschirm oder dem Telefon, und zeugen zudem von einer weiteren, verhüllten Geheimbotschaft. Sie steckt in den Anfangsbuchstaben der vier Worte und zitiert den berühmten Götz von Berlichingen, der auch in gusseiserner Form mein Büro ziert. Das ist eben die Praxis – bei unverschämten Kunden, Mitarbeitern, Chefs usw. kann es im jeweiligen Moment sehr schwer fallen etwas Positives zu entdecken. Denken Sie bitte dann an die Anfangsbuchstaben dieser Botschaft, lächeln Sie, und hoffen Sie, dass Ihr Chef diese Geheimbotschaft nicht kennt.

Ein weiterer Gedanke dazu steckt in der amerikanischen Businessweisheit: „Love it, leave it or change it!" (Liebe, was du tust, verlasse es oder ändere es). Da das Verlassen und Ändern einer Situation stets auch gewissen Zwängen unterliegt, möchte ich Ihnen ein weiteres „L" anbieten. „L" für *„laugh about it"* (lache bzw. schmunzle darüber). Humor zählt zu den wichtigsten Katalysatoren in Sachen Stressabbau. Für eine verfahrene Situation sicher keine Dauerlösung, nimmt aber in der jeweiligen Situation auf unglaubliche Weise den Druck (siehe auch Kapitel „Erfolgsfaktor Humor im Business").

Simsalabim – die ersten Schritte zu diesem Kapitel

Das Resonanzgesetz besagt in Kurzform: „Ich bin, was ich denke – was ich denke, strahle ich aus – was ich ausstrahle, ziehe ich an!" Konkret: Wenn ein Mensch wie eine gekündigte Schlaftablette denkt und nie etwas „anderes als die Gleichen" versucht, wird er die Begeisterung einer dreistündigen Bundestagsrede ausstrahlen und entsprechend schlafwandelnde Menschen und kaufmüde Kunden anziehen. Das heißt: Die eigentliche Arbeit beginnt immer zuerst an mir selbst. Ich möchte Sie hier einladen sich selbst und andere durch eine neue Zauberbrille zu sehen.

Oft sind wir dazu geneigt im übertragenen Sinne mit dem ausgestreckten Zeigefinger auf andere zu zeigen. Einige Aussagen dazu: „Der Kunde nervt mich. Meine Mitarbeiter haben einfach nichts drauf. Meine Eltern sind schuld, dass nichts aus mir geworden ist. Du hast mich völlig falsch verstanden." Tun Sie es doch jetzt einfach mal – strecken Sie Ihren Zeigefinger aus, als zeigten Sie auf andere. Zählen Sie nun die Finger Ihrer Hand – wie viele zeigen weg, wie viele zeigen auf Sie selbst? Richtig, wesentlich mehr Finger zeigen auf uns selbst. Manchmal scheint es mir so, als wäre die Hand bewusst so konstruiert worden, dass wir nie vergessen, dass die Arbeit bei uns selbst beginnt.

1. Menschen „genießen" und sich an ihnen erfreuen:
Was ist vergangene Woche alles gut gelaufen und wem werde ich dafür *noch in der nächsten Woche* ein Lob aussprechen oder wen mit einem kleinen Präsent überraschen (wen, wann genau und wie genau)?

Person 1: _____

Person 2: _____

Person 3: _____

2. Entdecken und fördern Sie Ihre Entertainment-Persönlichkeit (Hauptteil dazu siehe Kapitel „AAG"):

Persönlichkeit hat, wie bereits erwähnt, sehr viel mit Ausstrahlung und auch mit dem eigenen „inneren Dialog" zu tun. Wichtig ist, dass Sie vor allem auf ein angemessenes Selbstwertgefühl bauen können. Angemessen deshalb, weil meiner Meinung nach Führungskräfte, Trainer, Journalisten, Lehrer und viele andere die Tendenz zu geringer Selbstkritik haben. Woran das liegt? Weil Sie gegenüber Ihrem Publikum nahezu immer Recht haben. Persönlichkeit bedeutet jedoch auch, sich selbstkritisch in gewissen Zeitabständen in Frage stellen zu können. Jetzt ist so ein Zeitpunkt:

Worin liegen Ihrer Meinung nach Ihre Schwächen? Was werden Sie in diesem Zusammenhang konkret anpacken, um diese in Stärken zu verzaubern?

1. _____

_____

2. _____

_____

3. _____

3. Ich steigere meinen BQ und „Lächle Mehr Als Andere":

Am_____ (Datum) gehe ich in ein Kaufhaus zum „Quatscheinkauf". Ich gönne mir 25 Euro (oder mehr), lasse meine seriöse Ratio zu Hause und kaufe etwas Kitschig-Schönes, Lustig-Schräges oder einfach Zauberhaft-Abstraktes und platziere es sichtbar bei mir im Büro. Diesen Gegenstand beschrifte ich mit den Worten „Lächle Mehr Als Andere" und erfreue mich täglich an der einen oder anderen Botschaft.

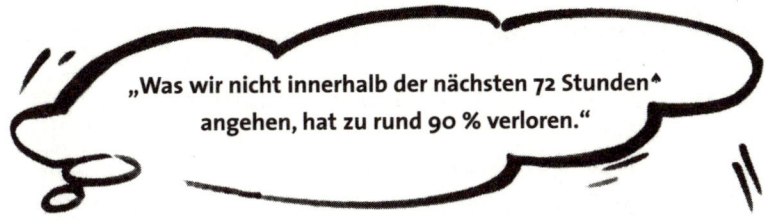

„Was wir nicht innerhalb der nächsten 72 Stunden▴ angehen, hat zu rund 90 % verloren."

Ein Schmunzel-Kunststück:
So kennen Sie Alter und Urlaubswunsch

Entsprechend vorgeführte Zauberkunst geht emotional direkt ins Unterbewusstsein. Hier folgt ein interessantes Kunststück, das Sie in erster Linie nicht als Zauberer, sondern als Moderator oder Schulungsleiter vorführen können. Ich setze diese Idee sehr gerne auch in meinen Seminaren ein, um sie auf besondere Art und Weise zu eröffnen.

Das erleben die Zuschauer

Meine Teilnehmer haben einen kleinen Aufsteller, auf den sie ihren Vor- und Nachnamen schreiben. Dahinter kommt noch eine vierstellige Zahl, die wir durch eine kleine Rechenoperation ermitteln – gleichzeitig ein guter Konzentrationsstart in den Tag. Diese Rechenschritte entstehen scheinbar „aus dem Bauch raus". Anschließend schreiben die Teilnehmer das Endergebnis in Form der vierstelligen Zahl auf ihr Namensschild. Neugier und Begeisterung wird ausbrechen, wenn Sie kundtun, dass die ersten beiden Ziffern das Alter des jeweiligen Teilnehmers und die letzten beiden Ziffern die gewünschten Urlaubstage pro Monat beschreiben. Blitzartig wird bei allen anderen geschaut, man lernt sich näher kennen und so mancher Lacher kommt auf, da fast immer Teilnehmer mit utopischen Urlaubswünschen dabei sind. Ich verspreche Ihnen jetzt schon: Sie werden dieses Kunststück genießen.

Anmerkung: Sicher stellen Sie in der Praxis fest, dass viele Menschen in unserer Zeit im Kopfrechnen nicht mehr geübt sind, deshalb lasse ich das Ganze bewusst schriftlich ausführen, um niemanden vorzuführen. Manchmal gebe ich sogar noch zwei oder drei Taschenrechner in die Runde. Dies mit der Alibibehauptung, dass die Teilnehmer noch einmal das Ergebnis überprüfen können.

▴ ... „innerhalb 72 Stunden angehen": bitte nicht verwechseln mit „innerhalb 72 Stunden umsetzen". Angehen bedeutet, dass Sie sich beispielsweise eine Notiz mit Erledigungstermin in Ihren Zeitplaner machen. Näheres zum Thema Umsetzungserfolge am Ende dieses Buches.

Was Sie brauchen ein paar Zuschauer (2 – 2000 Menschen) mit Zettel und Stift

Los geht's Geben Sie Ihren Zuschauern folgende Anweisungen:
Ein Beispiel:

Bitte schreiben Sie Ihr Alter auf	31
Multiplizieren Sie Ihr Alter mit 2	x 2 = 62
Jetzt 5 dazuzählen	+ 5 = 67
Das Ergebnis mit 50 multiplizieren	x 50 = 3350
Wie viele Tage Urlaub möchten Sie im Monat? –	
diese Zahl addieren	+ 20 = 3370
Ziehen Sie die Anzahl der Tage eines Jahres ab	– 365 = 3005
Jetzt zählen Sie die Zahl 115 dazu	+ 115 = **3120**

Die ersten beiden Ziffern (31) geben das Alter –
die letzten beiden Ziffern (20) geben die gewünschten freien
Tage an!
20 Tage Wunschurlaub *pro Monat* – das können Sie gerne etwas humorvoll kommentieren!

Probieren Sie es gleich mit Ihrem Alter aus

Bitte schreiben Sie Ihr Alter auf	= _____
Multiplizieren Sie Ihr Alter mit 2	x 2 = _____
Jetzt 5 dazuzählen	+ 5 = _____
Das Ergebnis mit 50 multiplizieren	x 50 = _____
Wie viele Tage Urlaub möchten Sie im Monat? –	
diese Zahl addieren	+ xx = _____
Ziehen Sie die Anzahl der Tage eines Jahres ab	– 365 = _____
Jetzt zählen Sie die Zahl 115 dazu	+ 115 = _____

Die ersten beiden Ziffern geben das Alter –
die letzten beiden Ziffern geben die gewünschten freien Tage
an!

Die folgenden **Schlüsselbegriffe** sollen Sie zu eigenen Ideen in-
spirieren, unter welchen Aspekten bzw. mit welchen Business-
Assoziationen Sie dieses Kunststück noch präsentieren könnten:
★ statt Urlaubstagen: Gehalt pro Monat in tausend Euro
★ wie viele Autos je Monat möchten Sie verkaufen?

★ sonstige Produkte (Achtung: Stückzahl nur bis 99)
★ wie viel Prozent Stimmen wünschen Sie sich für uns?

Viel Spaß mit diesem besonderen Kunststück!

Die „Bühne Business" – ON/OFF – jetzt geht's los

Wenn Sie vor einer größeren Menge Menschen auftreten, werden Sie merken, wie Ihr „Entertainment-Schalter" auf „ON" schaltet. Das heißt, Sie werden versuchen aufrechter zu gehen als sonst, deutlicher zu sprechen, freundlicher zu wirken und vieles mehr. Dieses „ON" kommt aus dem Theaterbereich und spiegelt sich im amerikanischen Wortbild „on stage", was so viel heißt wie „auf der Bühne". In diesem Moment sagt uns unser Unterbewusstsein: „Mach ein besonders gutes Bild, du wirst von vielen wichtigen Menschen beachtet". Nicht selten kleidet sich hier auch so mancher Wolf im Schafspelz, um eben im positiven Licht zu stehen.

Leider leben zahlreiche Menschen in zwei Welten. In der des ON-Schalters, eben bei ihrem Auftritt vor anderen, die sie für vermutlich besonders wichtig halten. Und in der anderen Welt des OFF-Schalters, wenn sie mit unterstellten Mitarbeitern oder sonstigen, für sie weniger wichtigen Menschen zu tun haben. Auf der einen Seite sind sie dann meist äußerst freundlich und zuvorkommend, auf der anderen eher unfreundlich bis rücksichtslos. Und denken Sie bitte nicht nur: ‚Ja, solche Menschen gibt es.' Die ernüchternde Botschaft: zu über 80 Prozent gehören Sie selbst dazu, wenn auch nicht so ausgeprägt. Ich muss mich hier übrigens selbst auch immer wieder korrigieren, denn oft sind wir eben verleitet, unbewusst eine mentale Zwei-Klassen-Welt einzurichten.

 **Was wir uns merken sollten:** Wer eine echte Entertainment-Persönlichkeit werden will, arbeitet täglich daran und baut schließlich den „OFF-Schalter" aus.

Warum? Darum: Unabhängig von moralischen Grundsätzen möchte ich Ihr Augenmerk vor allem auf eines der mächtigsten Marketingwerkzeuge richten – die Netzwerke. Netzwerke sind Kontakte und Beziehungen zu anderen Menschen. Jede Person beeinflusst durchschnittlich rund 200 Netzwerkpartner. Also Freunde, Bekannte, Arbeitskollegen, Nachbarn, Vereinskollegen, Verwandte u.a., denen er Botschaften in einem gewissen Zeitraum überbringt. Wichtig ist zudem, dass negative Nachrichten mindestens zehn Mal lieber und auch noch schneller weitererzählt werden als positive. Dies bedeutet, dass sich neben einer guten Nachricht vor allem eine schlechte Nachricht über Sie und/oder Ihr Unternehmen wortwörtlich wie ein Lauffeuer verbreitet. Damit Ihre positive Netzwerk-Entertainment-Welle funktioniert, zählt es zu den Grundlagen künftig „ON" zu sein. Um die Macht der Netzwerke zu unterstreichen, habe ich in diesem Buch sogar ein ganzes Kapitel diesem Thema gewidmet. In Kapitel 5 erhalten Sie weitere Tipps, wie Profis Netzwerke für sich nutzen.

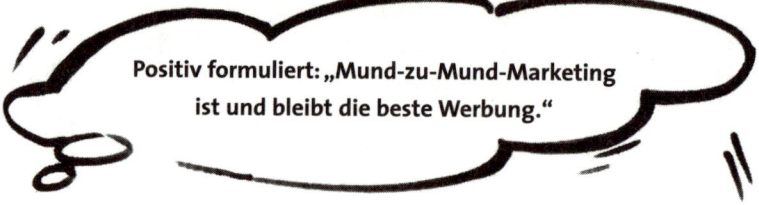

Positiv formuliert: „Mund-zu-Mund-Marketing ist und bleibt die beste Werbung."

ON/OFF – hier ein negatives Beispiel. Eine Führungskraft, die bei Kunden „ON" ist und bei den Mitarbeitern „OFF", wird langfristig die Macht der Netzwerke spüren. Ein Mitarbeiter, der schlecht über seinen Chef bzw. sein Unternehmen spricht, hat eine enorm hohe Glaubwürdigkeit. Denn wer soll es denn besser wissen als ein Insider? Böse Zungen behaupten übrigens, dass der Ausspruch „bitte behalte es aber für dich" in gewissen Kreisen ein regelrechter Turboantrieb für die Verbreitung von Nachrichten sein soll.

Wenn Sie künftig eine Führungskraft sind, die bei Mitarbeitern, Kollegen und auch im Privatbereich stets „ON" ist, stecken hier unglaubliche Kapazitäten. Beispielsweise in der *Mitarbeiter-*

gewinnung, denn ein Betriebsklima der besonderen Art spricht sich herum und mittelfristig sind unaufgeforderte Bewerbungen kaum zu vermeiden. Sehr oft sind in Unternehmen bestimmte Abteilungen wesentlich beliebter als andere. Fragen Sie sich doch einmal, warum das so ist? Gibt es in Ihrer Firma auch solche Bereiche? Wodurch zeichnen diese sich aus? Kann es sein, dass hier unter anderem eine Führungskraft „ON" ist?

„Der Denkzettel": Wie viel tausend Euro gibt Ihr Unternehmen jährlich zur Mitarbeitergewinnung aus? Was glauben Sie, könnte Ihr Unternehmen sparen, wenn alle Führungskräfte in Ihrer Firma auch gegenüber den Mitarbeitern und Kollegen „ON" wären?

So sind Sie künftig „ON"

„Rund 70 % aller Kunden verlassen heute ein Unternehmen, weil Sie den Verkäufer/Monteur etc. als uninteressiert empfunden haben", so eine ernüchternde Botschaft aus der Praxis. Dies soll verdeutlichen, dass sich ON-Sein auch wirtschaftlich stets auszahlt. Wie Sie merken, ob Sie wirklich „ON" denken und handeln? Dazu nachstehendes, zauberhaftes Werkzeug in Form einer kleinen, aber entscheidenden Frage.

Der Gruß an Ihr Unterbewusstsein. Stellen Sie sich täglich diese Frage: *„Wer ist der wichtigste Mensch in meinem Leben?"*

Wenn Sie diese Frage mit: „… der, mit dem ich jetzt gerade kommuniziere" beantworten können, dann sind Sie einen Siebenmeilenschritt näher am „ON". Allein dadurch, dass Sie diesen „mentalen Höchststatus" für jeden Einzelnen ansetzen, mit dem Sie ab morgen sprechen, wird sich Ihr Verhalten revolutionieren.

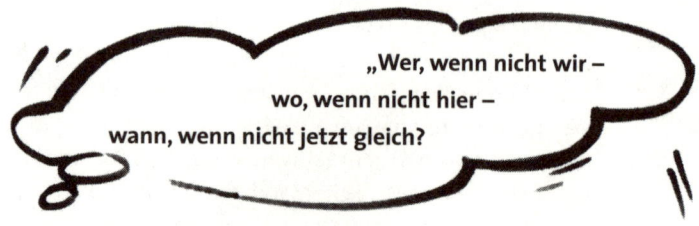

„Wer, wenn nicht wir –
wo, wenn nicht hier –
wann, wenn nicht jetzt gleich?

Zauberbox-Kunststück:
König Kunde
Zeigen Sie Ihrem Kunden, dass er bei Ihnen wirklich noch König
ist. In Ihrem Unternehmen gehe man inzwischen schon so
weit, dass man dem Kunden den Wunsch von den Lippen ab-
liest und genau weiß was er will, bevor das Anliegen überhaupt
ausgesprochen wurde. Diese Behauptung werden Sie natürlich
gleich anschließend beweisen.
Viele Kunststücke wie dieses eignen sich übrigens auch hervorragend für den Messeverkauf. Hier geht es oft auch darum Kunden aktiv überhaupt an den Stand zu bringen. Dieses kleine
Wunder ist ein netter Eisbrecher für so manchen erfolgreichen
Verkaufsstart.

Das erlebt der Sie bitten den Zuschauer zu einem kleinen Experiment und er-
Zuschauer klären, dass sich vier Könige in Ihrem Täschchen befinden, welches Sie sogleich offen präsentieren werden. Er habe nun freie
Wahl an einen König zu denken (Kreuz, Karo, Herz oder Pik).
Pokern Sie ruhig ein wenig und fragen Sie, ob er noch einmal
wechseln will oder ob Sie ihn irgendwie mental beeinflusst
haben. Jetzt soll Ihr Mitspieler für alle Anwesenden hörbar seine Karte nennen, z. B. Herz-König. Sie nehmen nun die vier Karten aus der Hülle und fächern diese etwas auf. Der Zuschauer
erkennt sofort, dass alle Karten mit dem Rücken auf ihn zeigen,
nur eine Bildseite ist sichtbar – der *Herz-König!*
Dies funktioniert natürlich auch mit allen drei anderen Werten,
falls diese vom Zuschauer genannt werden.

Wenn Sie die geöffnete Hülle so halten, liegen beim Herausnehmen Herz und Karo oben.

Sollten Sie die Hülle auf die Rückseite drehen, sehen die Zuschauer dann wahlweise Pik oder Kreuz.

Der Trick liegt zudem im Gestikulieren mit der umgeklappten Hülle. So können Sie diese auch unbemerkt wenden.

Sie erhalten vier Spezialkarten (2 Doppelrückenkarten und zwei Doppelbildkarten) in einer Hülle. Die Karten sollten in folgender Reihenfolge liegen. Doppelrückenkarte – Königkarte (Bildseite nach oben) – Königkarte (Bildseite nach unten) – Doppelrückenkarte. (Diese Karten stecken in der undurchsichtigen Tasche des Mäppchens. Die Einzelkarte im Klarsichtteil gehört zu einem besonderen Schwebekunststück, das später beschrieben wird! Vorsicht, diese bitte noch nicht herausnehmen.)

Der Trick dabei Auf den Königkarten sind jeweils gegenüberliegend **zwei** Symbole aufgedruckt (Karo und Herz / Kreuz und Pik). Sie müssen sich lediglich merken, welcher König mit dem Gesicht zu Ihnen liegt und in welche Richtung das entsprechende Symbol zeigt. Ein kleiner Bleistiftpunkt am Mäppchen oder auf den Karten für „oben" mag Ihnen anfangs als kleine Gedächtnisstütze helfen. Stecken Sie dann die Karten immer *in derselben Reihenfolge* ins Mäppchen. Zum Beispiel Herz-König oben (s. Bleistiftpunkt): Symbol Herz blickt immer von Ihnen weg, wenn sich das Klarsichthüllenfenster von Ihnen aus gesehen links befindet. Denkt der Zuschauer jetzt beispielsweise an eine rote Karte, können Sie das Mäppchen wie gewohnt öffnen, da sich Herz und Karo bereits oben befinden. Je nach Wunsch fächern Sie dann nach der einen oder anderen Seite die Karten auf. Will der Zuschauer eine schwarze Karte, ziehen Sie diese einfach von unten aus der umgedrehten Hülle. Dies wirkt dann sehr natürlich, wenn Sie nachstehenden Tipp beachten.

Liegt die Hülle richtig in der Hand, haben Sie schon gewonnen. Karten rausnehmen (hier Herz-König) und genießen.

Tipp Gestikulieren Sie während der Einleitung ruhig etwas mit dem umgeklappten Mäppchen (siehe Bild 1 und 2). Dies gibt Ihnen die Möglichkeit dieses zu öffnen und nebenbei unverdächtig in die richtige Position zu bringen. Es kann ansonsten etwas unnatürlich wirken, wenn Sie im Extremfall die Karten herausnehmen, dann umdrehen und anschließend auch noch mit dem richtigen Symbol nach vorn drehen müssen.
Sollte Sie es stören, dass sich in der Hülle auch noch eine fünfte Karte befindet, die ein Extra-Kunststück darstellt, dann trennen

Sie die Kartenhülle bitte einfach in der Mitte durch. Somit haben Sie zwei einzelne Hüllen für die beiden Kunststücke.

Schlüsselbegriffe:
★ Gedankenlesen
★ Karten offen auf den Tisch
★ König = Chef
★ Business-Poker
★ alles ein Spiel
★ Frau weiß, wo ihr Ehemann steckt
★ immer einen Schritt voraus
★ mentale Fitness testen
★ Einstellungstest
★ intuitive Fähigkeiten prüfen ...

Erfolg verlangt „AAG-Spezialisten"

Seien wir doch mal ehrlich, ein so genanntes USP (Unique Selling Proposition = „einzigartiges Verkaufsargument") zu finden wird immer schwieriger. Vielmehr leben wir meist davon, ein aus unserer Sicht besonderes „Nutzenpaket" für den Kunden zu schnüren. Und kaum haben wir einen echten Kreativschub mit entsprechendem Wettbewerbsvorsprung, ziehen die Mitbewerber nach. Wer also am Markt erfolgreich sein will, braucht nicht nur regelmäßig innovative Ideen, sondern muss sich vor allem „AAG" – Anders Als die Gleichen – verkaufen. Dies gilt genauso für den Verkäufer vor dem Kunden wie für den Mitarbeiter vor dem Chef, wie für den Chef vor dem Vorstand usw. Es geht darum einen dauerhaften und positiven „Ankerplatz" im Unterbewusstsein der anderen zu belegen. Wenn schließlich ein Thema auch nur annähernd Ihr Kompetenzgebiet tangiert, muss der Gedanke an Sie als hochkarätigen Spezialisten automatisch wie ein Blitz *positiv* durch die Nervenzellen des Gesprächspartners sausen.

Provozierende Definition? Doch wer oder was ist überhaupt ein Spezialist? Ich möchte es aus der Welt des Entertainments heraus so formulieren: Ein Spezialist ist derjenige, der von anderen dafür gehalten wird!

Eine etwas provozierende, jedoch eine meist zutreffende Antwort, wenn wir uns die Praxis ansehen. Sobald Sie in irgendeinem Fachgebiet mehr wissen als der „Durchschnittsmensch" und das entsprechend vermitteln, werden Sie von vielen bereits als Spezialist gesehen, ohne dass Sie selbst vielleicht dieses Bild von sich haben.

Was wissen Sie beispielsweise über folgende Fachgebiete? Heilen mit Kräutern, Benchmarketing, die Kelten in Deutschland u.v.m. Es genügt hier vielleicht schon, dass jemand davon gehört hat, dass Sie Ihren Kindern einen „Brennnesseltee" bei einer Grippe verabreicht haben, und erste Anfragen zu Tipps rund um das Heilen mit Kräutern von Nachbarn werden folgen. Allein die Verwendung des Begriffes „Benchmarketing" vor einem Laienpublikum lässt Sie gedanklich einen gewissen Fachstatus belegen. Sollten Sie andererseits eine Keltische Viereckschanze in Ihrer Heimat erwähnen, kann es durchaus sein, dass der eine oder andere Sie als einen besonderen Geschichtskenner speichert und vielleicht kommt man mit irgendwelchen Relikten aus dem Dachboden aus ganz anderen Zeiten auf Sie zu.

Spezialisten verdienen mehr
Die Botschaft auf den Businessbereich übertragen ist einfach – *entdecken Sie Ihr Fachgebiet und bauen Sie Ihr Wissen und Ihren Ruf in diesem speziellen Bereich aus!* Für Spezialisten wird es immer einen Markt geben. Übrigens ein sehr interessanter Markt, der gerne auch ein Mehrfaches des Üblichen bezahlt, wenn sich dieser Spezialist auch entsprechend verkaufen kann. Es geht darum den anderen latent und dauerhaft Ihre Persönlichkeit als absoluter Profi zu vermitteln. Überhebliches Produzieren wirkt sich hier jedoch mit Sicherheit kontraproduktiv aus. Der Volksmund sagt: „Stille Wasser sind tief" und genauso sollte es sein: das richtige Wort zur richtigen Zeit. Echte Spezialisten mit Persönlichkeit können sich folgenden Luxus gönnen – sie antworten erst, wenn sie gefragt werden.

Haben Sie ein Spezialgebiet?
Wenn ja, was tun Sie um darin noch besser zu werden?

_____

_____

_____

Spezialist kontra Fachidiot

In wie vielen Vorträgen von so genannten Spezialisten waren Sie schon? Vorträge zur betrieblichen Altersversorgung, zum Direktmarketing im Zeitalter des Internets, zur Wärmeenergieberechnung in der Holzsystembauweise ... Eine Erfahrung dazu meinerseits: Je mehr Titel der Vortragende hat, desto langweiliger und oft undurchsichtiger die Botschaft (Ausnahmen bestätigen natürlich die Regel). Doch woher kommt das? Wie konnte sich hieraus sogar das Schimpfwort „Fachidiot" entwickeln? Ein Professor beispielsweise, der sich täglich ausschließlich mit seiner Materie auseinander setzt, hat eben eine ganz andere Ausgangsbasis, die er nicht selten auch bei seinen Zuhörern unbewusst voraussetzt. Diese verstehen jedoch teilweise nur „Bahnhof" und schalten gedanklich ab. Hier können wir aus den Grundsätzen der Werbebranche lernen. Eine gute Werbebotschaft (zum Beispiel in einer Tageszeitungsanzeige) sollte _so klar formuliert_ sein, dass sie _auch ein 12-Jähriger versteht!_
Dieses Grundgesetz gilt es auch bei Vorträgen oder Präsentationen einzuhalten, ohne dabei naiv zu wirken. Doch um eine komplexe Botschaft einfach zu vermitteln, braucht es viel mehr Können als dafür sich hinter wissenschaftlichen Aufzählungen zu verstecken.
Nach der Einfachheit der Botschaft folgt sogleich der Anspruch der Demonstration. Folgende Frage sollten Sie sich stellen: Was konkret kann ich beispielsweise gegenüber meinen Kunden oder Mitarbeitern an einem Objekt oder mit einem eindeutigen Vergleich präsentieren, so dass die Botschaft klar und spannend ist? (Mehr dazu auch im Kapitel „Ihre zauberhafte Präsentation".)

Ich gehe nun davon aus, dass Sie selbst auf irgendeinem Gebiet bereits einen Spezialistenstatus belegen, an dessen Tiefe Sie stets aktiv arbeiten. Doch auch dies reicht heute leider allein nicht mehr aus. Denn in Ihrem Fachgebiet gibt es natürlich neben Ihnen vermutlich noch zahlreiche andere Spezialisten und hier gilt es nachhaltig die Nase vorn zu haben. Wie das gehen soll? Das erfahren Sie nach einem kleinen Ausflug in die Welt des Improvisationstheaters (kurz: Improtheater).

Spezialisten-Entertainment,
eine unterhaltsame Übung aus dem Improtheater
Dieses „Spezialistenspiel" sollten Sie unbedingt beim nächsten Betriebsausflug, einem geselligen Abend oder bei der nächsten Familienfeier einmal ausprobieren. Ich selbst nutze dieses Instrument auch im Trainingsbereich, da es sehr vielseitig einsetzbar ist. Zum einen vermittelt es den Vortragenden das unglaubliche Selbstwertgefühl, dass sie eine große Menge Leute mit einer einfachen Botschaft bis zum „Schenkelklatschen" unterhalten können. Zum anderen tut es uns unheimlich gut, Dinge einfach mal mit den Worten „Ja genau, und ..." anzunehmen, ohne sie gleich hochkritisch zu hinterfragen. Ich kann mich noch sehr gut an das erfolgreiche Seminar mit der Deutschen Telekom erinnern, als uns zwei Spezialisten zum Thema „Pferdeäpfel" die Lachtränen in die Augen trieben.

Das erlebt der Zuschauer Zwei „Freiwillige" geben sich als absolute Spezialisten aus. Das Thema wird von der Gruppe vorgegeben. Von Spezialisten für Leuchtstoffröhren über Verhütungsmittel bis hin zu Pferdeäpfeln gibt es hier kaum Grenzen. Die beiden schaukeln sich im Team hoch, indem der eine von einer scheinbaren Tatsache berichtet und der andere noch einen draufsetzt. Bedingung ist, dass jeweils mit den Worten „Ja genau, und ..." begonnen wird.

Ein Beispiel „Wir zwei sind Spezialisten für Fischköder und haben da einen neuen, geruchlosen Köder entwickelt (Wechsel). Ja genau, und ... dieser Köder ist so konzipiert, dass er sogar Fische von über 1000 Kilometern Entfernung anlockt (Wechsel). Ja genau, und ... deshalb können jetzt norwegische Lachse auch in Italien angelockt und gefangen werden (Wechsel). Ja genau, und ... dieser Lockstoff wirkt sogar auf Frauen (Wechsel) ..."

Sie merken: Jetzt, nach drei bis vier Sätzen, geht es richtig los. Lassen Sie sich einfach überraschen, welch unglaubliches Entertainment hier entsteht – viel Freude mit diesem kleinen Juwel.

„AAG" vom Scheitel bis zur Sohle – zauberhafte Ideen

Wenn Sie den enormen Nutzen eines Spezialistenstatus einmal erlebt haben, wollen Sie ihn sicher nie mehr missen. Jetzt geht es darum, diesen zudem noch AAG, also „Anders Als die Gleichen", zu verkaufen. Dieser Anspruch lässt sich auf zahlreiche Gebiete ausdehnen – eben vom Scheitel bis zur Sohle ... Beginnen wir bei Ihrer schriftlichen Kommunikation mit anderen. Wie sieht Ihr Auftritt optisch aus? Wie spricht er die verschiedenen Wahrnehmungskanäle (sehen, hören, fühlen, riechen, schmecken) an?

Ein Beispiel dazu Für eine journalistische Recherche forderte ich zahlreiche Mediadaten der regionalen Radiosender, etwa zehn an der Zahl, an. Welche dieser Mediadaten in Verbindung mit einem Namen ist mir besonders aufgefallen und blieb mir (wie man sieht) bis heute im Gedächtnis? Ganz einfach: der Radiosender, dessen Zusendung mit einem dezent roten Stift statt in Dunkelblau unterschrieben wurde und der zudem eine kleinen Tüte Gummibärchen beilag. Einfache Werkzeuge – großer Erfolg, wortwörtlich genau mein Geschmack.
Auch im Kuvert- und Postkartenbereich gibt es zahlreiche Neuerungen. Von der *abziehbaren Antwortkarte* über *transparente Rückenkuverts* bis hin zum *Direktrecycling-Kuvert* gibt es hier zahlreiche Lösungen. Speziell diese letztgenannte Variante, bei dem bereits bedruckte Papiere als Kuvert verarbeitet werden, macht besonders neugierig. Diese einseitig bedruckten Bögen sind hier Ihre künftigen Briefhüllen, wobei der ehemalige Druck praktisch als Innenfutter fungiert. Jedes Kuvert ist damit ein

umweltfreundliches Unikat (Kontaktadresse zum Direktrecycling im Anhang des Buches).

Der AAG-Auftritt für den Kunden-Erstkontakt reicht somit vom *besonderen Mailbox-Spruch* über den *freundlichen Smiley-Aufkleber* oder das kleine *Give-away im Kuvert* bis hin zur Visitenkartenübergabe. Interessant sind beispielsweise auch Fußzeilen Ihrer Post, wie das *Zitat der Woche, der Schmunzler des Monats* etc., die Ihre Botschaft zu etwas Besonderem werden lassen. Sie sehen: Die „Spielwiese" ist riesig groß, es gilt, sich nur einmal Gedanken zu diesem Thema zu machen. Gehen Sie einfach mal von sich selbst aus. Beobachten Sie in den nächsten Wochen die Post, die auf Ihrem Tisch landet. Was spricht Sie persönlich an, was blieb Ihnen besonders positiv im Gedächtnis?

Mein eigener Kunden-Erstkontakt, was ist AAG?
Was werde ich anpacken, um mich künftig von anderen abzuheben?

_____

_____

_____

Stellen Sie sich nun vor, Sie haben einen neuen Kunden. Dieser Besucher kommt heute zum ersten Mal zu Ihnen. Und nun sehen Sie sich einmal um. Gehen Sie vor Ihr Firmengebäude und mustern Sie den Eingangsbereich. Schlendern Sie doch mal durch den Verkauf und versuchen Sie möglichst unbefangen Ihr Büro zu betreten. Was sagen Ihre Sinnesorgane?

Sehen Was fällt Ihnen optisch bezüglich Ihres Umfeldes auf? Entspricht der Eingangsbereich Ihrem Image von Innovation und Kreativität? Gibt es im Eingangsbereich ein Schild oder einen anderen Hinweis, dass Ihr Gast hier *herzlich willkommen* ist? Wie sieht Ihr Schreibtisch von der anderen Seite aus – kommt Ihnen beim ersten Blick eher das Wort Kompetenz oder das Wort Chaos in den Sinn?

Trauen Sie sich ruhig mehr zu als andere. Präsentieren Sie beispielsweise das Motorrad des Urgroßvaters auf einem Sockel. Zeigen Sie, dass hinter Ihnen auch ein Privatmensch mit Emotionen steckt, indem Sie ein *Objekt Ihrer Freizeitbeschäftigung* ausstellen. Vom besonderen Aquarium über die Urlaubsbildgalerie bis hin zur Golf-Puttingbahn sind hier keine Grenzen gesetzt. Versuchen Sie doch einfach in die Mokassins eines Neukunden zu schlüpfen: Was kann positiv im Gedächtnis ankern? Denken Sie daran, dass Ihr Kunde bestimmt schon Hunderte Büros in seinem Leben gesehen hat. Was bleibt, ist das, was Sie von den anderen unterscheidet.

 Im Bereich „Sehen" können Sie einen sehr großen Einfluss auf das Unterbewusstsein Ihres Kunden ausüben. Was werden Sie konkret im AAG-Bereich „Sehen" in Ihrem Umfeld ändern?

_____

_____

Hören   Ist Ihr Eingangsbereich, sind Ihre Verkaufsräume akustisch einladend? Wie laut ist es in Ihrem Büro bzw. wie ungestört können Sie mit Ihrem Kunden eine Besprechung durchführen? Lassen Sie sich einmal anrufen und zeichnen Sie das Gespräch auf. Sind die Hintergrundgeräusche Ihrem Status entsprechend oder denkt der Kunde, er ruft gerade im Verladebahnhof an? Die Frage ist: Was können Sie akustisch für Ihr Umfeld nutzen? In England gibt es beispielsweise schon Umkleidekabinen, in denen man individuell den eigenen Musikwunsch wählen kann. Wie wäre es beispielsweise, wenn im Empfangsraum für Ihre Gäste einladende Hintergrundmusik laufen würde? Lassen Sie Ihren Gedanken freien Lauf!

Riechen   Kann man die Frische Ihrer Ideen auch in Ihrem Umfeld nachvollziehen? Welche Putzmittel werden verwendet, wie und wann wird gelüftet? Was denkt ein Nichtraucher, wenn er beispielsweise den Duft einer Zigarre in der Nase verspürt? Das Thema *Duftmarketing* wird immer populärer. Wissenschaftlich sind inzwischen zahlreiche Düfte von beruhigend bis kaufstimulierend belegt. Duftsäulen in den verschiedensten Designs erobern den Markt (Kontaktadresse im Anhang).

Fühlen Selbst hier gibt es Ansatzpunkte. Eine wackliger Türgriff spricht nicht gerade für Qualität. Wie sitzen Sie selbst auf den Stühlen, die Sie täglich Ihren Besuchern anbieten? Welche Schreibutensilien/Kugelschreiber reichen Sie einem Kunden? Welches Outfit haben Ihre Kundenmuster und Unterlagen?

Schmecken Sollte ein Gast eine Wartezeit überbrücken müssen, was wird ihm angeboten? Gibt es einfache Instrumente wie beispielsweise eine Bonbonschale? Wie schmeckt Ihnen selbst der Kaffee, der einem Besucher gereicht wird? Es gibt auch immer mehr Teetrinker: Was können Sie Kunden neben Kaffee alles anbieten?

Auch die Bereiche Hören, Riechen, Schmecken und Fühlen sind insbesondere für den ersten Eindruck sehr wichtig. Diese Gedanken kamen mir spontan, das werde ich umsetzen:

_____

_____

_____

_____

„Sich ‚AAG' verkaufen bedeutet nicht, zum Zirkusclown zu werden, sondern bewusst einen seriös antizyklischen Ausdruck angepasst und wohl dosiert einzusetzen!"

Zum Schluss dieses Kapitels möchte ich noch auf Ihre eigene Person kommen. Dazu eine kleine Geschichte. Bei einem Treffen mit zahlreichen Journalisten und dem bekannten Gedächtnis-

Die Kuhkrawatte

trainer Gregor Staub aus der Schweiz trug ich einen klassisch grauen Anzug und eine etwas freche Krawatte mit einer großen Kuh mit Sonnenbrille. Das Ziel eines Gedächtnistrainers ist es natürlich in kürzester Zeit möglichst alle Namen samt weiterer persönlicher Daten der Anwesenden zu speichern. Da ein Gedächtniskünstler meist mit der Verknüpfung von gedanklichen Bildern arbeitet, hatte er an diesem Tag bei mir leichtes Spiel. Ein Blick auf meine „Kuhkrawatte" reichte und es war klar, der kommt aus dem Allgäu. Er erklärte später auch sein System und natürlich war diese Krawatte wieder im Gespräch. Inzwischen war ich – als ein Gast unter vielen – dennoch nicht irgendeiner, sonder eben der, über den man sprach.

„Was den Hasen
aus dem Zylinder
erwartet?
Einfach ‚AAG'
sein ... wie wär's
mit einem Gold-
fisch?"
**Der Autor dieses
Buches, karikiert
von einem
humorvollen
Schnellzeichner.**

Spieglein, Spieglein an der Wand ...

Auf Sie bezogen: Wen oder was repräsentieren Sie? Entspricht Ihr Auftreten diesem Bild? Stellen Sie sich bildlich vor, Sie stehen mit 20 weiteren Führungskräften oder Beratern Ihres Berufsstandes in einer Reihe. Was würde allein beim Blick auf Sie dem Betrachter nachhaltig im Gedächtnis bleiben? Richtig: Ihre Ausstrahlung bzw. Ihr „Lächle Mehr Als Andere" und natürlich optische Abweichungen vom Gewohnten. Keine Angst – ich rede nicht von plastischer Chirurgie, das nimmt uns oft eher Persönlichkeit, ich rede davon „AAG" Ihre Person zu unterstreichen.

Ein Beispiel dazu: Als Trainer kleide ich mich bei Vorträgen durchaus bodenständig mit einem dunklen Anzug, jedoch trage ich gerne eine abstrakte Krawatte, durchaus auch mal bis zur Schmerzgrenze. Gerne nutze ich zudem meinen bunten Koffer, der neben allen schwarzen und metallenen Aktenkoffern sofort ins Auge sticht. Der Rest ist jedoch bewusst seriös gehalten. Jetzt betrachten Sie sich noch einmal in dieser gedanklichen Reihe. Was können Sie, passend zu Ihrem Status, an Ihrem Outfit ändern? Es geht wieder einmal darum, dass Sie bei anderen nachhaltig im Gedächtnis bleiben. Vom besonderen Bartschnitt über Ihre Lieblingsschuhe oder den kreativen Regenschirm bis hin zur Fliege sind hier zahlreiche Varianten denkbar. Auch das Fahrzeug, mit dem Sie vorfahren, ist gerade in Deutschland ein besonders sensibler Bereich. Oft wird schon an der Pforte beim Einfahren anhand Ihres PKW über Ihre Kompetenz „entschieden". Ein Fahrzeug darf nicht zu billig, aber auch nicht zu teuer wirken, eben standesgemäß. Jedoch auch an Ihrem PKW darf etwas „AAG" sein, solange es nicht zu übertrieben ist – meist ein guter Gesprächseinstieg.

Dies passt zu mir, das werde ich künftig bewusst beim Auftritt meiner Person unterstreichen:

_____

_____

_____

„Ob etwas Gift oder Heilmittel ist,
bestimmt allein die Dosis!"
Hippokrates

Zur Auflockerung –
schneiden Sie doch einfach mal Ihre Krawatte ab:

(Vorwarnung für faule Zauberer – dieser Trick ist sicher der aufwendigste in diesem Buch!)

Hier ein Kunststück, das Sie mal auf Ihrer Businessparty vorführen sollten. Schneiden Sie doch einfach mal vor den Anwesenden Ihre Krawatte ab und bevor alle wieder ausatmen können – Simsalabim! –, ist sie wieder da!

Fortgeschrittene könnten dieses Kunststück auch als besondere Eröffnung ihrer Rede bringen: „Verehrte Mitarbeiter, es wird Zeit, dass wir in unserem Unternehmen gemeinsam etwas ändern. Viele alte Zöpfe gehören einfach abgeschnitten. (... jetzt nehmen Sie eine Schere und „schneiden" Ihre Krawatte ab – ein leises Raunen wird durch die Reihen gehen.) Wichtig ist jedoch, dass wir an den *richtigen* Stellen korrigieren und bewusst auf Bewährtes bauen (... Simsalabim! Die Krawatte ist wieder da). Symbolisch ist dies wie mit meiner Krawatte, die hat sich bewährt, damit habe ich den Kunden x/y für uns gewinnen können. Liebe Mitarbeiter, Sie merken, ein Einstieg mit Schmunzeln in ein Thema, das ernsten Hintergrund hat und bei dem ich auf jeden Einzelnen von Ihnen künftig baue ..."

Sie spüren sicher, was ich damit ausdrücken will: Nahezu jedes Kunststück ist mit einem entsprechenden Dialog auch seriös zu verkaufen. Eins ist Ihnen bei diesem Auftreten sicher: Sie haben volle Aufmerksamkeit und noch lange wird man über diesen Vortrag sprechen.

Was Sie brauchen   Zuschauer und zwei identische Krawatten

Vorbereitung   Eine der beiden Krawatten knüpfen Sie sich auf übliche Weise um. Diese Krawatte wird aber unter dem Knoten nach innen ins Hemd gesteckt. Jetzt sehen Sie praktisch nur den Knoten.

Wählen Sie Hemd und Krawatte so aus, dass die versteckte Krawatte nicht durchscheint. Von der zweiten Krawatte schneiden Sie etwa die Länge ab, die im Hemd verborgen ist. Es bietet sich an, das abgeschnittene Ende etwas einzusäumen, dann haben Sie ein Kunststück für immer. Diese abgeschnittene Krawatte stecken Sie derart in den Knoten, dass es wie eine normale Krawatte aussieht – fertig!

Vorführung Sie treten vor Ihr Publikum, nehmen eine Schere zur Hand. Mit einer Hand nehmen Sie den Krawattenknoten so, dass er von Ihrem Handrücken zur Sicht der Zuschauer abgedeckt wird. Nun tun Sie so, als würden Sie die Krawatte abschneiden und präsentieren sogleich das abgetrennte Stück (bitte vor dem Spiegel üben.) Die Zuschauer sehen jetzt oben den Knoten und in Ihrer Hand die Restkrawatte. Stecken Sie jetzt das abgeschnittene Stück in die Hosentasche oder an einen anderen Ort außerhalb des Sichtfeldes der Zuschauer.

Zum Erscheinen der Krawatte greifen Sie mit den Fingern einer Hand auf den Knoten. Dabei kommt der Daumen fast schon automatisch an die richtige Stelle. Stecken Sie Ihren Daumen zwischen Knoten und Hemd. Bei einer schnellen Vorwärtsbewegung Ihrer Hand zieht ein Ruck die Krawatte aus dem Hemd. So erscheint die Krawatte sehr überraschend.

Sollten Sie sich dieses Timing nicht zutrauen, dann kaschieren Sie einfach dieses Erscheinen, indem Sie beispielsweise auf das Flipchart zugehen und sich dort einen Stift holen. In dieser Sekunde, während Sie Ihrem Publikum nahezu den Rücken zeigen, passiert Ihr Kunstgriff. Ich wünsche Ihnen mit dieser besonderen Idee zauberhaften Erfolg!

Schlüsselbegriffe:
★ Neues Anpacken
★ Kreativität bricht Regeln
★ Denker brauchen Luft zum Atmen, dann erst wird verkauft
★ Schröder und Stoiber beim Kanzlerduell mit gleicher Krawatte
★ das Rad nicht neu erfinden
★ gepflegtes Auftreten gewünscht ...

Kapitel 2

Magie der Muschel – Telefonzauber

Zum Thema „Telefontraining" gibt es bereits zahlreiche Publikationen und Seminare. Dieses Kapitel soll bewusst jene Erfolgsbereiche aufzeigen, die oft gar nicht oder nur am Rande zur Sprache kommen. Allein das Thema „Zauberbotschaften" birgt ein enormes Erfolgskapital.

Der einfache Zaubertrick mit der Stimme

Das Telefon ist unsere Visitenkarte gegenüber dem Kunden. Sehr oft ist es der Erstkontakt zu unserer Person bzw. zum gesamten Unternehmen. Innerhalb *von 3 – 6 Sekunden* nach der Gesprächsannahme werden hier auf der unbewussten Ebene schon unzählige Entscheidungen gefällt. Ist dieser Mensch kompetent? Arbeitet er gern dort? Interessiert er sich für mich als Anrufer? Ist er gestresst? ... und vieles mehr. Sogar schon vor dem ersten Wort, anhand der Anzahl der Klingeltöne, urteilen die meisten unbewusst bereits über andere. Hier ein Beispiel zur Klingelserie: Abnehmen bei einmaligem Klingeln – „oh, die haben wohl nichts zu tun in dem Laden?" Abnehmen bei zwei- bis dreimaligem Klingeln – „in Ordnung." Abnehmen nach viermaligem Klingeln – „das dauert wieder, unglaublich ..." Abnehmen nach fünfmaligem Klingeln – „gibt es ja nicht, wenn die sonst auch so langsam sind ...!" Abnehmen nach sechsmaligem Klingeln – „glauben die, ich hab' meine Zeit im Lotto gewonnen, das ist ja eine Frechheit!" Alles, was später kommt – „die Firma gibt es nicht mehr, ist wohl in Konkurs gegangen, muss ich gleich meinen Kollegen im Meeting erzählen!"
Wenn ich nun beispielsweise Verkäufer frage, warum sie mit einem bestimmten Kunden besonders gut zurechtkamen, ant-

worten diese oft: „Da hat einfach die Chemie gestimmt!"
Doch was ist diese Chemie genau und wie kann ich diese positiv beeinflussen?

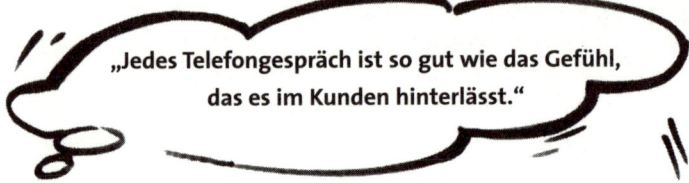

„Jedes Telefongespräch ist so gut wie das Gefühl,
das es im Kunden hinterlässt."

Im Allgemeinen unterscheidet man bei der Kommunikation
zwei Bereiche – die Inhalts- und die Beziehungsebene. Die Inhaltsebene beschreibt, *was* ich dem anderen sage. Die Beziehungsebene beschreibt, *wie* ich dem anderen etwas sage. Der
Schwerpunkt einer erfolgreichen Kommunikation liegt belegbar zu 80-90 Prozent beim *wie*. Das heißt, wenn ich es nicht
schaffe von der „Chemie" her (*wie* ich es sage) beim anderen zu
landen, kann ich ihm inhaltlich nahezu erzählen, was ich will, es
kommt dann einfach nicht bei ihm an.
Zu diesem *wie* oder eben einem großen Anteil der so genannten „guten Chemie" zählen in der Kommunikation das Auftreten, Mimik und Gestik, die Kleidung und die Stimme.
Hier wird sehr schnell deutlich, dass beim Telefonieren ohne
Bildtelefon nur noch die Stimme übrig bleibt.
Doch wann klingt eine Stimme so motiviert und freundlich,
dass von Anfang an die Chemie stimmt? Ich habe mir in meinen Seminaren erlaubt, dies aus meiner Sicht auf die zwei
wichtigsten Praxiselemente zu beschränken.

**Punkt 1 –
der Stimm-
rhythmus**
Sprechen Sie einfach nicht zu schnell und nicht zu langsam. Zu
schnelles Sprechen impliziert: „Wow, haben die es dort stressig,
werde ich hier überhaupt richtig beraten?" oder bei Führungskräften: „Von wegen unser Chef, immer ein offenes Ohr für seine Mitarbeiter, hat doch schon wieder keine Zeit für mich." Zu
langsames Sprechen impliziert: „Oh je, auf welchem Seminar
hat er denn den Spruch auswendig gelernt?", „Wenn die genauso schnell arbeiten, wie der spricht, dann gute Nacht" etc. Hier

* Für Live-Aufzeichnungen hole ich mir stets im Vorfeld sowohl die Genehmigung der Firmenleitung als auch der aufzunehmenden Personen ein. Wichtig ist, dass den Teilnehmern der enorme Praxisnutzen der Schulung deutlich wird. Extreme „Ausrutscher" werden von mir immer gelöscht.

handelt es sich natürlich um gedankliche Annahmen, die jeder in verschiedenster Ausprägung empfindet. Die Praxis in meinen Telefonschulungen mit zahlreichen Live-Aufzeichnungen♦ bestätigt jedoch immer wieder diese und andere Aussagen. Wichtig ist und bleibt, dass Sie sich beim Melden am Telefon von der Geschwindigkeit her in einem mittleren Tempo bewegen. Dann wird der Anrufer bzw. Angerufene Ihnen etwas mitteilen und Sie können sich seiner *Sprachgeschwindigkeit anpassen*. Einen sehr hektischen Anrufer, der blitzschnell eine Auskunft will, können Sie mit einem sehr langsamen Sprachfluss äußerst schnell reizen. Ebenso erfolglos sind Sie bei einem langsam sprechenden Gegenüber, den Sie mit Ihrem Schnellsprechtempo überrennen.

Punkt 2 – der Klang der Stimme

Eine Stimme klingt dann motiviert und freundlich, wenn sie *am Ende etwas angehoben wird*. Ein Beispiel dazu: „Firma Maier Maschinentechnik, Ursula Huber, grüß Gott." Der Grad zwischen motiviert und demotiviert, freundlich und unfreundlich liegt hier im Wort „Gott". Bis zum Wort „grüß" melden Sie sich mit Ihrer von Natur aus gegebenen Stimmlage, beim Wort „Gott" heben Sie gleich die Stimme einfach etwas an und schon haben Sie einen tollen „Chemievorsprung". Probieren Sie gerne auch mal das unmotivierte Gegenteil und senken Sie die Tonlage an dieser Stelle. Schnell werden Sie feststellen, dass so Ihre Stimme auf eine Skala von kalt bis ablehnend rutscht. Am besten hört man natürlich die Unterschiede, wenn Sie Ihre eigene Sprache einmal aufzeichnen und beide Varianten anhören.

Prüfen Sie doch einfach selbst einmal in den nächsten Tagen: Welche Telefonstimmen klingen für Sie bei der Meldung besonders sympathisch? Es werden die sein, die am Ende ihre Stimme etwas anheben. Wenn Sie Vorgesetzter sind, habe ich hier einen kleinen Wunsch. Bitte fallen Sie mit dieser neuen „gehobenen Stimmanweisung" erst über Ihre Mitarbeiter her, wenn Sie sie auch selbst anwenden!

Ich achte künftig auf meinen Stimmrhythmus; speziell darauf, dass ich mich meinen Kunden anpasse. Noch wichtiger ist es, mich mit motivierter Stimme zu melden. Ab _____ starte ich für eine Woche mein persönliches Pilotprojekt und teste, wie meine Kunden auf angepassten Stimmrhythmus und Anhebung der Tonhöhe am Ende meiner Begrüßung reagieren.

Tipp am Rande Sprechen Sie Ihren Kunden *zumindest* am Anfang und Ende des Telefongespräches mit Namen an.

„Der eigene Name ist des Menschen liebstes Kind.“

Ein kleines Kunststück zum Stimmrhythmus:
Sagen Sie Ihrem Gegenüber, dass Sie ihm gleich einige Zahlen nennen werden und dieser bitte immer die nächsthöhere mitteilen soll.
„Also bei 1400 sagen Sie beispielsweise 1401, okay?“

Sie sagen: 1095, Mitspieler: 1096.
Sie sagen: 1097, Mitspieler: 1098.
Sie sagen: 1099, Mitspieler: 2000.

... jetzt können Sie erstaunt entgegnen: „Eins mehr als 1099, ich meine, das ist 1100!“

Bei der Moderation dieser Zahlen kommt es auf einen gewissen Fluss, eben einen bestimmten Rhythmus an. Es soll nicht zu schnell sein, sonst wirkt es verdächtig. Ist es dagegen zu langsam, kommt die Gefahr der richtigen Rechnung auf.

Schlüsselbegriffe:
★ Gruppendynamik
★ Einflussnahme
★ Medien steuern Meinungen
★ Blitzhypnose
★ PISA-Studie
★ mentaler Druck
★ Verkaufszahlen stimmen nicht
★ mehr Taschenrechner verkaufen
★ Bilanzen: Schein und Sein
★ Traum von Umsätzen ...

... und gleich noch eins:
Fragen Sie einen Mitspieler: „Sind Sie vergesslich?" Ob die Antwort „ja" oder „nein" ist, ist egal.

„Okay, dann ein kurzes Spiel: Welche Farbe hat unser Firmenlogo?"
„x/y"
„Wie heißt unser Vorstandsvorsitzender mit Vornamen?"
„x/y"
„Wie alt ist unser Unternehmen?"
„x/y"
„Welche Frage hab ich Ihnen zuerst gestellt?"
„Was für eine Farbe hat unser Firmenlogo?"

„Nein, ich hab' Sie gefragt, ob Sie vergesslich sind!"

Auch hier ist der Kommunikationsrhythmus sehr wichtig. Empfehlenswert ist es, wenn Sie nach der „Vergesslichkeitsfrage" etwas Zeit vergehen lassen, die anderen Fragen dafür im Fluss durchziehen.
Dieses Spiel können Sie besonders gut an Ihre jeweilige Branche anpassen. Nehmen Sie als Kandidat eine Person Ihres Umfeldes, die gerne die Nase vorn hat, und niemals Personen, die von Haus aus eher schüchtern oder zurückhaltend sind. Wichtig ist, dass Sie gemeinsam über das Ergebnis schmunzeln können. Dies wäre übrigens auch eine interessante Fragesequenz für das „etwas andere" Einstellungsgespräch. Allein durch die

Reaktion des Bewerbers können Sie sehr viel über seine Persönlichkeit, Fehlerkultur und emotionale Intelligenz erfahren.

 **Schlüsselbegriffe:**
★ Gedächtnisleistung
★ Bildung
★ Erinnerungsvermögen
★ Macht der Kommunikation
★ Fragetechnik
★ wie eine Studie entsteht
★ Kurzzeitgedächtnis
★ Wissenslücke
★ Firmenquiz
★ Marktforschung ...

So bleibt Ihr Name im Gedächtnis

Im Zeitalter des Internets verdoppelt sich etwa alle zwei Jahre das Gesamtvolumen des uns zur Verfügung stehenden Wissens. Allein in puncto Werbung verfolgen uns täglich unglaubliche Mengen an Werbebotschaften, die alle in unser Unterbewusstsein wollen. „Verfolgen" ist hier wortwörtlich gemeint. Oder kannten Sie bereits vor zehn Jahren Werbung auf Gullydeckeln oder das Logo im Pissoir, das durch den eigenen Urinstrahl aufleuchtet, die Laserwerbung nachts am Himmel und viele andere Dinge?

All dies und vieles mehr kämpft von frühmorgens bis in die späte Nacht hinein um einen nachhaltigen Platz auf unserer menschlichen Festplatte. Auch Sie und ich ringen um diese Gunst und wollen unter anderem namentlich langfristig bei anderen positiv im Gedächtnis bleiben – sei es, um später einen Auftrag, einen guten Tipp, eine Empfehlung zu bekommen oder um einen neuen Netzwerkpartner und Freund zu gewinnen.

Schon in unserer Kindheit wachsen wir mit Gedächtnisstützen bzw. so genannten Eselsbrücken auf. Eine nette Anregung aus dieser Zeit erzählte mir dazu mein Nachbar. In seiner Familie war stets die Frage, ab wann die Kinder denn draußen endlich wieder barfuß laufen durften. Die Antwort der Eltern war einfach und vor allem unvergesslich: „Alle Monate ohne ‚r' in ihrem Namen – in denen dürft ihr barfuß laufen!" Einfach, nervenschonend für die Eltern und genial!

Aus der Mnemotechnik wissen wir, dass der Mensch eine ausgeprägt gute Gedächtnisleistung zeigt, wenn er in Bildern denkt. Dieses Wissen gilt es gerade am Telefon zu nutzen! Bieten Sie Ihrem Gegenüber doch einfach eine Gedächtnisstütze an, damit er sich auch langfristig an Sie erinnert. Bei mir hört sich das beispielsweise so an: „Guten Tag, mein Name ist Oliver Kellner; Kellner wie der Ober!" Klar – mit diesem „Kellner wie der Ober" habe ich meinem Gegenüber ein „Bild" angeboten, das er kennt. Meistens „höre" ich auch ein kleines Schmunzeln in der Stimme des anderen, da derartige Vergleiche nicht an der Tagesordnung sind. Dieses Opening trägt wiederum stets zu einer guten Startchemie zwischen den kommunizierenden Partnern bei. Übrigens kann Ihnen dann auch so etwas passieren: „Grüß Gott, mein Name ist Kellner, Kellner wie der Ober." Der andere darauf: „Das ist ja witzig, mein Name ist Oberle, wie kleiner Kellner." – Unglaublich, aber wahr!

„Allerwelts-
namen" kreativ
einbringen

Jetzt kommt natürlich Ihr berechtigter Einwand – „Ha, wenn ich Kellner heißen würde (übrigens auch ein „Allerweltsname"), dann wäre es ja einfach, aber ich heiße Maier!"
Richtig – an erster Stelle sollten Bilder oder Assoziationen stehen. Ist das nur schwer möglich, dann ist Kreativität gefragt. „Guten Tag, hier ist Manfred Maier, Maier mit echtem i wie interessant." Spüren Sie wieder das „AAG"? Bei dieser Meldung am Telefon heben Sie sich aus der breiten Masse hervor. Natürlich kann hier die Frage kommen: „„Echtes i'? Was ist dann ein unechtes?" Sie darauf beispielsweise: „Ja, Sie haben Recht, die

meisten nennen es dann ‚y' – ich sag' immer ‚unechtes i'." Mit einem Lächeln in der Stimme kommt hier schon der erste freundliche Dialog auf und öffnet Ihnen das Tor zum Unterbewusstsein des anderen. Die meisten werden Sie jedoch in der Praxis gar nicht auf das „i" ansprechen, sondern nur zwei Dinge wahrnehmen: *Maier* und *interessant*. Und genau das ist das Ziel! Natürlich gilt es diese „Magie" wohl dosiert mit entsprechendem Feeling einzusetzen. Sicherlich ist nicht jedes Gespräch für diese zauberhafte Technik geeignet; jedoch sollten Sie mindestens 50 Prozent Ihrer Erstgespräche mit neuen Kunden, Bekannten, Lieferanten und anderen auf diese Basis stellen. Lassen Sie sich von den Erlebnissen positiv überraschen und, wenn möglich, teilen Sie mir doch Ihre Erfahrungen mit. Über eine kurze E-Mail beispielsweise würde ich mich sehr freuen.

Ich habe mich entschlossen, dass mein Name von Anfang an bei anderen nachhaltig und positiv im Gedächtnis bleibt. So könnte ich meinen eigenen Namen künftig bildlich und/oder kreativ bei meinen Netzwerkpartnern verankern:

_____

_____

_____

Wie viele Finger haben zehn Hände?
Bilder können, wie soeben geschildert, einerseits gedächtnisfördernd sein, aber auch manipulieren. Gerade in der Zauberkunst wird dieses Wissen der Aufmerksamkeitssteuerung durch Bilder genutzt. Hier ein kleines Spiel dazu:
Der Vorführende fragt einen Zuschauer, wie viele Finger eine Hand hat. Dazu zeigt er deutlich seine ausgestreckte rechte Hand vor (somit ein Bild). Der Zuschauer wird antworten: „Fünf". Dann folgt die Frage, wie viele Finger zwei Hände haben, wobei der Zauberer beide Hände vorzeigt. Antwort: „Zehn". Dann folgt die Frage: „Und wie viele Finger haben 10 Hände?" Wobei hier sehr prägnant *wiederum beide Hände* gezeigt wer-

den. Der Zuschauer wird antworten: „Hundert". Diese falsche Antwort wurde natürlich durch das „Zwei-Hände-Bild" noch forciert. In Wirklichkeit hat eine Hand fünf Finger und zehn Hände haben damit 50 Finger.

Schlüsselbegriffe:
★ Macht der Bilder
★ Präsentationen
★ Vorträge
★ Medien steuern
★ Meinungen
★ Bildzeitung
★ Manipulation
★ Massenbeeinflussung
★ Bilder als Verkaufsinstrumente
★ ein Bild sagt mehr als 1000 Worte
★ nicht alles glauben, was man sieht
★ jede Nachricht hat mehrere Wahrheiten ...

Zauberbotschaften, die andere bewegen

Gerade am Telefon gilt es, harmonisch und clever zugleich den anderen motiviert ins Handeln zu bringen. Wer hier kommunikative Widerstände aufbaut, bekommt anschließend meist Ablehnung oder „Dienst nach Vorschrift" serviert. Im Laufe meiner Telefonseminare und zahlreicher Aufzeichnungen von Live-Gesprächen haben sich einige Formulierungen herauskristallisiert, die Ihr Gegenüber mit Freude ins Handeln bringen. Wichtig ist natürlich auch hier wieder die Aussage von Hippokrates: „Ob etwas Gift oder Heilmittel ist, bestimmt allein die Dosis." Wenn also Ihr Gespräch fast ausschließlich mit diesen so genannten Zauberbotschaften bestückt ist, dann wecken Sie beim anderen natürlich eher Misstrauen als Vertrauen.

Konkrete Formulierungen *„Sie können mir doch sicher einen kleinen Tipp geben?"* Genau genommen begeben Sie sich mit dieser Frage eine Stufe unter

den anderen und äußern eine Bitte. Unglaublich, auf welche Hilfsbereitschaft Sie oft allein durch diese Frageformulierung stoßen. Sie sagen dem anderen indirekt „Du bist wichtig, bist etwas größer als ich und ich bitte um deine Hilfe." Das alles in einem Satz, obwohl Sie es nicht direkt so gesagt haben. Und mal ganz ehrlich – alle drei Eigenschaften, nämlich wichtig sein, etwas größer sein und jemandem helfen können, das alles tut uns selbst auch richtig gut. Darum funktioniert es!

Oder *„Ich kann gut verstehen, dass Sie verärgert sind."* Eine hervorragende Formulierung bei der Reklamationsbehandlung. Bitte verwechseln Sie dies niemals mit der Aussage: „Sie haben vollkommen Recht damit, dass Sie verärgert sind." Meistens schildert bei einer Reklamation der Anrufer natürlich nur seine Sicht der Dinge. Oft wird die Situation dann noch zusätzlich dramatisiert und außerdem liegen Ihnen beim Erstanruf meist nie alle Fakten vor. Weiterhin geben Sie sich mit dem Wörtchen „Recht" unter Umständen auf juristisches Glatteis. Doch bei einem Kunden, der richtig sauer ist, Verständnis für dessen Ärger zu zeigen, bringt die Brüllschwelle nach unten, und wenn Sie zudem die weiteren bekannten Reklamationsregeln beherzigen, können Sie diesen Anruf auf der Gewinnseite Ihrer Bilanz vermerken.

Die weiteren Zauberbotschaften folgen nun unkommentiert, da sie für sich selbst sprechen:
- *Schön, dass Sie mich zurückrufen ...*
- *Gut, dass Sie mich darauf hinweisen ...*
- *Ich kann Sie da gut verstehen ...*
- *Ein wichtiger Punkt, den Sie da ansprechen ...*
- *Vielen Dank für Ihr Verständnis ...*

„Zauberbotschaft" klingt interessant – das ist mir einen Versuch wert. Folgende Formulierung werde ich testen ...

_____

_____

Kaltakquisition – zauberhaft durchstarten von der Pforte bis zum Chef

♥Leider komme ich seit über zwei Jahren nicht mehr dazu. Ein Beleg mehr, dass der Netzwerkgedanke funktioniert – leben Sie ihn!

Telefontraining bedeutet, dass man sich selbst auch als Trainer fit hält. So nehme auch ich hin und wieder gerne die Herausforderung an, vor allem bei größeren Unternehmen in Kaltakquisition vom Pförtner bis zum Chef durchzustarten.♥ Ein interessantes Unterfangen, das von der Zauberformulierung bis hin zur erfolgreichen „Sekretärinnenüberwindung" nahezu alle Facetten des Telefontrainings fordert.

Immer wieder bestätigen mir Seminarteilnehmer, dass für sie das Telefon nach der Schulung eine ganz andere Bedeutung hat. Telefonieren als Kaltakquisition kann so zu einer spielerischen Herausforderung werden. Nachstehend eine meiner konkrete Vorgehensweisen als Beispiel. Versuchen Sie einige dieser Anregungen auf Ihr Produkt/Dienstleistung und Ihre Persönlichkeit anzupassen. Sie werden sehen, dass Telefonakquisition nicht nur erfolgreich, sondern auch echt spannend sein kann. Im nachstehenden Dialog gehe ich davon aus ein Verkaufstraining anzubieten. Auf die kursiv gesetzten Passagen gehe ich im Anschluss noch genauer ein.

1. Eine magische Frage, z. B. an der Telefonzentrale/ Pforte

„Sie können mir doch sicher einen kleinen Tipp geben?" Diese Frage wirkt oft Wunder: Sie bitten jemanden und sagen ihm indirekt: ‚Du bist größer als ich ...' Die Frage anschließend ist zum Beispiel: „Wer ist denn in Ihrem Hause für die Personalentwicklung zuständig?"
Antwort: „Herr Maier".

2. Weitere Informationen erfragen

„Können Sie mir bitte noch den *Vornamen* von Herrn Maier sagen, damit ich ihn auch gleich richtig anspreche?" Dann eventuell ...:
„Wann erreiche ich denn den Herrn Manfred Maier am besten?"
Wichtig ist, sich abschließend auch zauberhaft bedanken: „Vielen Dank, Herr x/y, Sie waren mir wirklich eine große Hilfe. Ich hoffe, ich kann dies bei meinem Besuch in Ihrer Firma wieder gutmachen. Sind Sie immer vormittags an der Pforte zu erreichen?"

(Bei Ihrem Termin bringen Sie bitte sowohl dem Pförtner als auch der nachfolgenden Sekretärin eine Kleinigkeit mit. Das sind mit Ihre wichtigsten Verbündeten im Unternehmen.)

3. Sekretärin „überwinden" „Grüß Gott, stellen Sie mich doch bitte zu Herrn Manfred Maier durch."
Wenn Sie den Vornamen des Chefs wissen, werden Sie meist gleich durchgestellt. Dahinter steckt die unbewusste Annahme, dass Sie mit dem Chef befreundet oder zumindest näher bekannt sind.

Alternativ Die Sekretärin möchte wissen, worum es geht – jetzt müssen Sie die Sekretärin zu Ihrer Partnerin machen und ihr vermitteln, welchen besonderen Nutzen ihre Firma/ihr Chef hat, wenn sie mit Ihnen zusammenarbeitet bzw. was ihr entgeht, wenn sie das nicht tut ... (Finger weg von Diskriminierungsformulierungen!)

4. Selber vorstellen, Ansprechpartner klären Begrüßen Sie den Chef bitte nur mit Nachnamen, stellen Sie sich selbst dann vor: „Mein Name ist Oliver Alexander Kellner, *Spezialist* für Verkaufstrainings von der Firma marketing è motion, Frau Müller sagte mir, dass Sie für die Personalentwicklung in Ihrem Hause zuständig sind, ist das richtig?"
Sie erwähnen einen für den Chef bekannten Namen, was erstes Vertrauen schafft. Weiterhin vergewissern Sie sich nochmals, ob Sie beim richtigen Ansprechpartner sind.

5. Neugierig machen und terminieren „Ich trainiere sehr erfolgreich *namhafte Unternehmen Ihrer Branche* und möchte Ihnen gerne unverbindlich zeigen, wie Ihre Mitarbeiter künftig zauberhaft mehr verkaufen und obendrein noch mehr Spaß bei der Arbeit haben.
Die einzige Investition, die Sie aufbringen müssten, *sind zehn Minuten* ihrer kostbaren Zeit und dann entscheiden Sie, ob Sie mich *rauswerfen* oder mehr über diese besondere Art des Trainings erfahren möchten. (Hier Pause, vielleicht kommen Zwischenfragen, dann ...)
„Wann passt es Ihnen besser, kommenden *Dienstag oder Donnerstag ...?"*

Alte Kommunikationsregel:
„Wer die Fragen stellt, der führt das Gespräch!"

Zusammen-
fassung

Wichtig ist

★ *Zauberbotschaften* einsetzen

★ Möglichst *Vornamen* zum späteren Durchstarten herausbekommen

★ *„Spezialist für ..."* Überlegen Sie, wofür Sie Spezialist sind. Diese Frage tauchte übrigens schon am Anfang dieses Buchs auf, erinnern Sie sich? (Machen Sie neugierig: Mit Anfängern will heute keiner mehr arbeiten – aber bitte lehnen Sie sich nicht zu weit aus dem Fenster.)

★ *„... namhafte Unternehmen Ihrer Branche ..."* Überlegen Sie sich vorher schon eine Antwort auf die Frage: „Wie kommen Sie auf uns?" Oder: „Welche Erfahrungen haben Sie in unserem Bereich?"

★ *„... zehn Minuten Zeit .... rauswerfen."* Eine überaus interessante Formulierung, die daraus entstand, dass bei meinen Telefonaten früher der häufigste Einwand „ich habe keine Zeit" war. Seit ich diese Zehn-Minuten-Formulierung verwende (bewusst mit dem harten Wort „rauswerfen" – das tut doch keiner gern), habe ich hier kaum noch Widerstände. Anmerkung: Der längste Zehn-Minuten-Termin beim Kunden weitete sich auf dessen Wunsch mit Mittagessen etc. auf drei Stunden und 20 Minuten aus!

★ *„... Dienstag oder Donnerstag ..."* Wenn Sie fragen: „Wann haben Sie Zeit?", dann stoßen Sie den Chef wieder auf den wunden Punkt, denn Zeit hat er ja am wenigsten. Außerdem erhalten Sie dann meist sehr späte Termine, da anschließend das Blättern im Kalender nach entsprechend großen Leerräumen beginnt. Wenn Sie allerdings nach einem Termin nächste Woche Dienstag oder Donnerstag fragen, wird die Führungskraft genau an diese beiden Termine

geführt und er bzw. sie wird auch genau bei diesen Terminen nach einem Freiraum suchen. Sollte er an diesen beiden Tagen verneinen, fragen Sie einfach nach der darauf folgenden Woche, zum Beispiel *Mittwoch oder Freitag?*

Von diesen sechs Kaltakquisitions-Tipps werde ich folgende für mich nutzen:

_____

_____

_____

Der telepathische Telefon-Trick:
Bitten Sie einen Mitspieler, an ein für ihn schönes Erlebnis zu denken. Gedanklich soll er sich jetzt noch einmal in diese Situation begeben, auf seine gedachte Armbanduhr sehen und sich auf die damalige Uhrzeit (bitte eine volle Stunde) und den Monat konzentrieren. Beides wird vom Mitspieler in diesem Moment nur mental und ohne Kommentar ausgeführt.
Sie erklären jetzt, eine Frau mit telepathischen Fähigkeiten zu haben. Sie wisse stets genau, wo Sie nach der Arbeit stecken, ja sogar wie hoch gerade Ihr Spesenkonto sei. Dies habe durchaus auch Vorteile, da sie immer Ihre geheimsten Wünsche errate ... um Sie rechtzeitig wieder in die Realität zurückzuholen. „Jetzt werde ich die seherischen Fähigkeiten meiner Frau kurz unter Beweis stellen" – so Ihre Ankündigung.
Der Mitspieler darf nun laut das schöne Erlebnis samt Monat und Uhrzeit vor allen Zuschauern nennen. Allein hier schon beginnt das Entertainment. Vom ersten Kuss über den Anstieg der BMW-Aktie bis hin zur Schadenfreude beim Wassersturz der Schwiegermutter werden Ihnen im Laufe der Zeit die verrücktesten Dinge begegnen. Sie erklären darauf, dass nichts abgesprochen wurde und nur der Mitspieler bis dato Monat samt Uhrzeit kannte. Nun rufen Sie Ihre Frau an, nennen ihr das schöne Ereignis, geben den Telefonhörer Ihrem Mitspieler. Ihre bessere Hälfte sagt ihm nun sofort Monat und Uhrzeit, egal

wie lange das Ereignis zurückliegt. Allein dessen Gesicht am Telefonhörer ist schon einen Applaus wert.

So funktioniert's Wenn Sie anrufen, nimmt Ihre Frau ab und meldet sich. In diesem Moment sagen Sie beispielsweise: „Oh, mein Sohn Lukas. Kannst du mir bitte mal die Mama geben?" Dies ist das Stichwort für Ihre Frau und sie fängt langsam und deutlich an, die Monate nacheinander aufzuzählen: „Januar, Februar, März, April ...". Wenn sie an dem vom Mitspieler genannten Monat angekommen ist, sagen Sie laut: „Hallo Schatz, ich hab' hier ein paar Kollegen, die das mit deinen übersinnlichen Fähigkeiten nicht so ganz glauben können." Das „Hallo Schatz" ist gleichbedeutend für Ihre Frau mit „Stop" und bedeutet, dass dies der entsprechende Monat ist. Für Ihre Zuschauer haben Sie bisher lediglich darauf gewartet, bis Ihr Sohn Ihre Frau ans Telefon geholt hat.

Jetzt kennt Ihre Frau schon den Monat und fängt sogleich an von eins bis zwölf für die vollen Stunden laut zu zählen. Sie reden parallel dazu weiter und teilen mit, dass es um ein besonders schönes Erlebnis geht. Ist Ihre Frau bei der entsprechenden Stunde angelangt, sagen Sie einfach: „Halt, stopp ... Schatz, jetzt lass' mich doch bitte mal ausreden. Nein, er sieht nicht gut aus mein Kollege ...". Lassen Sie sich hier einfach etwas Spontanes, Witziges einfallen. Wichtig ist nur, dass das „Halt, stopp ...", bei dem Sie so tun, als würde Ihre Frau Sie nicht ausreden lassen (was von allen als realistisch empfunden wird), eigentlich das Signal für die richtige Uhrzeit ist.

Jetzt kennt Ihre Frau also beides: Monat und Uhrzeit. Sie sagen jetzt einfach: „Ach, weißt du was, ich gebe ihn dir jetzt doch einmal selber, der wäre fix und fertig, wenn du ihm jetzt den Monat samt Uhrzeit seines besonderen Erlebnisses sagen könntest – es war übrigens seine Beförderung zum Verkaufsleiter!"

Ihr Mitspieler bekommt den Telefonhörer und danach ist er platt. Das Tolle daran: Alle haben mitgehört und keiner weiß, was da gelaufen ist – eben wie bei echter Zauberei.

Viel Spaß mit diesem Profikunststück – es kommt lediglich darauf an, wie gut Sie es verkaufen!

Weitere Anregung dazu Natürlich müssen Sie nicht zwangsläufig Ihre Frau anrufen, es geht selbstverständlich auch mit einem Freund, *Ihrem Buchhalter, Ihrem Controller*. Mit den letzten beiden Personen wird das Kunststück um so mehr businesstauglich.

Schlüsselbegriffe:
- ★ seherischer Buchhalter
- ★ Publikumsjoker einsetzen
- ★ woher der Chef seine guten Ideen hat
- ★ seine Frau weiß, welches Pferd am Wochenende gewinnt mit Beweis
- ★ Controller/Rechtsanwälte/Steuerberater etc. wissen alles ...

Kapitel 3

Der „große Auftritt" – so verkaufen Sie Begeisterung!

Erfolgswerkzeuge Ihrer zauberhaften Präsentation

Nehmen wir einmal an, Sie hätten per Kaltakquisition einen Kundentermin vereinbart. Denken Sie bitte an Ihre Ankündigung: „... Ihre Investition sind ausschließlich zehn Minuten Ihrer kostbaren Zeit, dann entscheiden Sie, ob Sie mich rauswerfen oder mehr über diese interessante Art der ... wissen wollen." Grundsätzlich sollten Sie später natürlich auch in der Lage sein Ihre Präsentation im Extremfall nach gut zehn Minuten beendet zu haben.

Als erfolgreiches Allround-Werkzeug nutze ich auch im Laptopzeitalter für diese Zwecke stets das bekannte *Tischflipchart*. Dies hat den großen Vorteil, dass Sie sowohl im Zweiergespräch als auch bei einer Gruppe von etwa zehn Personen mit dem gleichen Instrument flexibel und ohne großen Aufwand präsentieren können. Bedingung ist jedoch eine entsprechende Gestaltung der Seiten (dazu später mehr). Gerade bei Neukunden stoße ich immer wieder auf Erleichterung, wenn ich eine kurze Information zu meiner Tätigkeit anbiete. Denn meistens haben die Kunden es dann doch nicht mehr geschafft, einen detaillierten Gesprächsfaden mit all ihren Fragen vorzubereiten. Meine Tisch-Flip-Präsentation ist wiederum so aufgebaut, dass 90 Prozent der Fragen ohnehin danach beantwortet sind. Wichtig ist jedoch, dass ich bereits im Telefongespräch durch entsprechende Fragetechnik den *Bedarf des Kunden* analysiert habe, um nicht mit allgemeinem „Blabla" auftreten zu müssen. Erklärt der Kunde sein Interesse an Verkaufstrainings, dann bekommt er natürlich genau zu diesem Thema eine Kurzpräsentation. Er will hier sicher nicht vorrangig die Werkzeuge meiner

Seminare Zeitmanagement und/oder Kreativtechnik kennen lernen. Das hindert mich natürlich nicht daran, am Ende der Verkaufstraining-Präsentation *auf einem Blatt und einen Blick* kurz *alle Themen meines Angebots* aufzuzeigen. So können Sie sicher sein, dass später nicht die Aussage kommt: „Was, das Thema Zeitmanagement bieten Sie auch an, ja wenn wir das gewusst hätten! Unsere Vertriebsmannschaft hat gerade letzte Woche ein solches Seminar gebucht."

Gruppenpräsentation und Vieraugengespräch
Grundsätzlich nutze ich das Tischflipchart nicht immer in aufgestellter Position. Gerade wenn ich mich mit Kunden in Hotels oder öffentlichen Restaurants treffe, halte ich es für unpassend hier das Tischflip nach dem Motto „Hallo, ich bin wichtig" großspurig zu präsentieren. Meistens treffe ich mich in solcher Atmosphäre dann auch nur mit einem oder zwei Kunden und kann mich nach Rückfrage direkt neben bzw. zwischen die beiden Kunden setzen. Jetzt nutze ich das Tischflip ähnlich einem flachen Ordner und kann auch hier ohne neugierige Tischnachbarn mit dem gleichen Instrument präsentieren.
Wichtig ist sicher auch die Beschaffenheit des Flipcharts. Grundsätzlich benutze ich stets die Größe DIN A4 in Querformat. A4 vor allem deswegen, weil es bequem in jeden Koffer passt und sich auch für die eben beschriebene „Restaurantpräsentation" sehr gut eignet. Mit einem A3-Flipchart, das Sie zudem auf einem Restauranttisch noch zu der Größe A2 aufklappen müssen, werden Sie sicher Probleme haben. Querformat ist für mich deshalb wichtig, da ich viel mit Bildern arbeite, deren Wirkung ich so voll ausspielen kann. Des Weiteren sollten Sie darauf achten, dass die einzelnen Seiten Ihres Tischflips im Ringordnersystem einzeln herausnehmbar sind. So bleiben Sie mit Ihrer Präsentation flexibel und können schnell beispielsweise einen aktuellen Zeitungsartikel bezogen auf die Kundenbranche oder ein wichtiges Referenzschreiben beilegen. Jetzt sagen Sie natürlich mit Recht: „Moment mal, ein Referenzschreiben ist stets Hochformat, wie bekomme ich dies in meine Querformatpräsentation?" Vollkommen richtig: Egal welches Format Sie wählen, nie werden Ihnen alle Wunschinhalte einheitlich vorliegen. Ich verweise hier noch einmal auf die Tatsache, dass wir

von einer knackigen Zehn-Minuten-Präsentation, nicht von einem Vortrag sprechen. Das heißt, während Ihrer „Minishow" sollte sich etwas bewegen, eine Seite wird im Querformat umgeblättert und dann kommt halt einmal ein Referenzschreiben in Hochformat, das Sie als Bestätigung Ihrer Kompetenz erwähnen. Selbst wenn dieses Schreiben Querformat wäre, würde sicher kaum ein Kunde diese in 11-Punkt-Schriftgröße abgefasste Empfehlung komplett lesen. Es geht darum, dass der Kunde Folgendes vom Referenzschreiben wahrnimmt: *große Namen, erfolgreiche Zusammenarbeit, war so begeistert, dass er die Firma weiterempfiehlt* – fertig! Natürlich bedarf es etwas Fingerspitzengefühl, nicht nur bei der Auswahl der Referenzen, sondern auch bezüglich des Tempos. Wenn der Kunde stets gerade Luft holt, um eine Frage zu stellen, und Sie „jetten" ohne das wahrzunehmen durch Ihre Präsentation, dann wird zum Schluss nur wenig Begeisterung bleiben. Es geht noch einmal um eine flotte Darbietung, bei der Sie jedoch stets wie ein Luchs auf eventuelle Fragen bzw. Einwände individuell reagieren.

Was gehört in Ihre Tisch-Flip-Präsentation bei Neukunden?

★ *Einstieg zu Ihrem Unternehmen/Ihrer Person.* Ich arbeite hier wiederum mit Bildern im Vordergrund. Bei mir zum Beispiel eine schöne Blume (weiblich) mit großer dunkelblauer Schrift (männlich): „Herzlich willkommen". Dies ist gleichzeitig mein Deckblatt der Präsentation. Darunter mein Name und der Firmenname, welche eher als Beiwerk schmücken.

★ *Nutzen, Nutzen, Nutzen.* Verwechseln Sie hier bitte nicht Vorteile mit Nutzen. Nehmen wir an, Sie verkaufen tropffreie Farbe und zeigen das dem Kunden groß auf. Dies ist leider für den Kunden „nur" ein Vorteil – zeigen Sie ihm den wirklichen Nutzen, den er davon hat! Zum Beispiel spart er Zeit, da er nichts mehr abkleben muss, er spart gleichzeitig Geld für Abdeckfolien und Klebebänder, schont die Umwelt usw.

★ *Referenzliste und Referenzschreiben.* Zeigen Sie als Aufzählung eine Liste bekannter Namen, mit denen Sie schon erfolgreich zusammengearbeitet haben. Präsentieren Sie auch als Beleg der Zufriedenheit ein bis drei Referenzschreiben namhafter Unternehmen.

★ *Pressestimmen und Auszeichnungen.* Was sagt die Presse über Sie und Ihr Produkt? Welche Auszeichnungen haben Sie bzw. Ihr Unternehmen erhalten?

★ *Emotion-Marketing: Live-Bilder.* Zeigen Sie Menschen mit Emotionen in Bezug auf Ihr Produkt/Ihre Dienstleistung.

Wiederum ist diese Aufzählung natürlich nur als Anregung zu sehen. Bestimmt finden Sie noch weitere Botschaften, die individuell für Ihre Branche wichtig sind.

Text bei Tischflip, Over-head, Beamer

★ Beim Tischflip versuche ich Schriftgrößen von 30 Punkt nicht zu unterschreiten
★ Bei Overhead- bzw. *Beamerpräsentation ab 40 Punkt!*
★ Ich arbeite fast ausschließlich mit *Stichpunkten bzw. Signalinhalten*, keine ganzen Sätze

Zauberbox-Kunststück: Unternehmensphilosophie

Gerade bei einer Präsentation ist es sehr wichtig nicht nur kalte Daten, Zahlen und Fakten zu verkaufen, sondern auch Emotionen und Leitgedanken. Hier ein Beispiel, wie Sie im kleinen Rahmen Ihre Firmenphilosophie für Ihre Kunden unvergesslich aufzeigen können. Dieses Kunststück gehört zu einer der beliebtesten Sparten der Zauberei, der Mikromagie. Dabei handelt es sich, wie das Wort schon sagt, um kleine und kleinste Wunder, die direkt unter den Augen der Zuschauer geschehen.

Das erlebt der Zuschauer

Sie präsentieren Ihrem Publikum die Streichholzschachtel aus der Zauberbox. Sie entnehmen der Schachtel zwei Streichhölzer und beginnen in etwa so: „Wir bauen seit Firmengründung erfolgreich auf zwei Fundamente. Das eine heißt ‚beste Qualität unserer Produkte' (Streichholz 1 hinlegen), das andere ‚größtmöglicher Nutzen und Service für Sie als Kunden' (Streichholz 2 hinlegen). Für diese Leistung investieren unsere Kunden einen gewissen Betrag (1 oder 2 Cent zwischen die Hölzchen legen). ...

Sie legen als Art Streifenfundamente die beiden Streichhölzer (Qualität und Kundennutzen) ab. Dazwischen kommt die Investition des Kunden (1 oder 2 Cent).

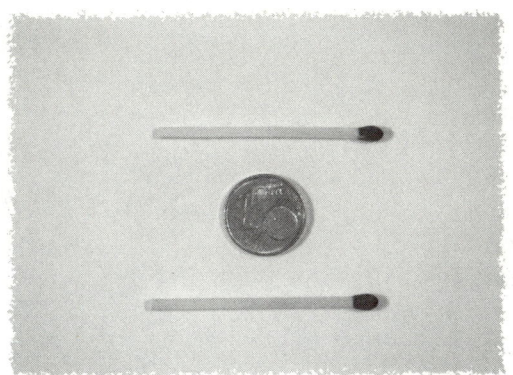

... Auf diese für beide Seiten erfolgreiche Basis ist unsere Firma gegründet (Visitenkarte mit Ihrem Logo darüber legen, dadurch wird die gesamte Konstruktion abgedeckt und das Augenmerk liegt jetzt nur noch auf Ihrer Firma). Dieses langjährige Vertrauen unserer Kunden, verbunden nicht nur mit großen, sondern auch mit vielen kleinen Investitionen ermöglicht es uns weiterhin durch ‚zündenden Ideen' für unsere Kunden die Nase vorn zu haben (Zündholzschachtel auf Visitenkarte legen).

Zuerst das Ganze mit Visitenkarten abdecken, dann Schachtel mit „zündenden Ideen" noch oben darauf. Dadurch wird das Cent-Stück bereits unter der Visitenkarte angezogen.

... Eine gemeinsame Zusammenarbeit, die sich vor allem für unsere Kunden rechnet (Streichholzschachtel wieder seitlich wegnehmen und in die Tasche stecken, gleichzeitig in derselben Tasche „Geldscheinschiff" ergreifen und zeigen).

Visitenkarte leicht festhalten und Streichholzschachtel nach außen abziehen, dadurch gleitet Münze unter der Visitenkarte entlang und bleibt auf der Unterseite der Streichholzschachtel angezogen.

... Viele unserer Kunden staunen, wenn schon kurze Zeit später ein nettes Euro-Schiff in Form von Zeitersparnis und zahlreichen anderen Vorteilen für sie herausspringt (Faltschiff nahe an die beiden Streichhölzer schieben). Ihre anfänglichen Cent-Investition in unser Unternehmen hat sich in ein stattliches Euro-Schiff für Sie selbst gewandelt (Visitenkarte mit spitzen Fingern anheben und zeigen, dass die Cent-Münze verschwunden ist). Ich freue mich Ihnen dieses kleine Schiff als Rendite-andenken an unser Gespräch auf dem Weg in eine künftige erfolgreiche Zusammenarbeit überlassen zu dürfen."

Der Zuschauer traut seinen Augen kaum – da, wo soeben noch eindeutig das Cent-Stück lag, ist jetzt ein „Nichts" – das Geldstück ist tatsächlich verschwunden, direkt unter der Nase Ihres Publikums!

Schlussbild – die Münze ist verschwunden. Aus der kleinen Investition des Kunden ist ein schönes Euro-Schiff entstanden.

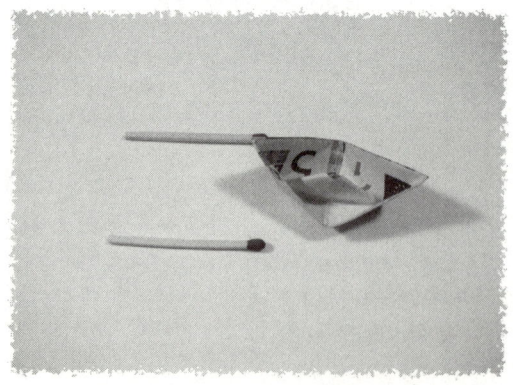

Den Text sollten Sie natürlich Ihrer eigenen Produkt- bzw. Dienstleistung anpassen. Unten finden Sie als Anregung wieder einige Schlüsselworte, denn dieses kleine Wunder können Sie natürlich auch mit vielen anderen Assoziationen präsentieren.

Der Trick dabei Wie so oft ist die Streichholzschachtel nicht so harmlos, wie sie aussieht. In die Lade wurde ein kleiner, aber sehr starker Spezialmagnet eingebaut (Achtung! Kommen Sie damit nicht an Magnetstreifen von EC-Karten, Digitaluhren etc.!). Dieser Magnet ist so stark, dass er das Cent-Stück selbst durch die Visitenkarte anzieht. Beim seitlichen Abziehen der Streichholzschachtel wird das Cent-Stück unter der Visitenkarte (diese festhalten!) nach außen hin abgezogen und haftet auf der Unterseite der Streichholzschachtel. Da Sie die Schachtel dann wegstecken, um das „Euro-Schiff" zu holen, sind Sie bereits jetzt absolut sauber. Der Rest ist Entertainment.

Tipp Es macht sich besonders gut, wenn der Kunde diesen Prozess seiner Investition live erlebt. Das heißt, dass er dies nicht nur sieht, sondern dass Sie sich tatsächlich anfangs von ihm ein Cent-Stück ausleihen. Ich denke, bei guten Kunden sollte es Ihnen auch die Investition wert sein, diesen am Ende das 5-Euro-Schiff zu überlassen. Dies ist wiederum ein gewaltiger Gedächtnisanker an Sie und Ihr Unternehmen. Jedes Mal, wenn der Kunde seine Geldbörse öffnet und Ihr Schiff sieht, wird er an Ihr Unternehmen erinnert – also eine 5-Euro-Investition für eine der besten Werbeflächen der Welt!

Schlüsselbegriffe:
- ★ Preisargumentation
- ★ Qualität
- ★ Investition
- ★ zündende Ideen
- ★ Rendite
- ★ erfolgreiche Zusammenarbeit
- ★ Schiffsbeteiligungen
- ★ Motivation ...

Anmerkung Die Streichholzschachtel in der Zauberbox ist bewusst ein handelsübliche, nicht bedruckt mit den Worten „Zündende Ideen" wie im Bild. Dies hat den Grund, dass durch die Aufschrift sofort der Eindruck entsteht, dass es sich hier um ein Trickgerät handelt. Dies würde der schönen Kleinillusion einen Teil ihres Zaubers rauben!

Nachstehend noch ein Zitat, das in Assoziation mit dem Schiff vielleicht für Ihre Präsentation sehr gut passt ...

„Wenn du ein Schiff bauen willst, so trommle nicht Männer zusammen, um Holz zu beschaffen, Werkzeuge vorzubereiten, Aufgaben zu vergeben und die Arbeit zu erleichtern, sondern lehre die Männer die Sehnsucht nach dem endlos weiten Meer." *Antoine de Saint-Exupéry*

Schon lange nicht mehr Kind gewesen? Vergessen, wie man ein Papierschiff baut?

Anbei als Erinnerung die komplette Bauanleitung in Bilderform für ein tolles 5-Euro-Schiff – viel Spaß damit!

①

Geldschein Hochformat nehmen und halbieren (obere Hälfte nach unten falten)

Die beiden oberen Dreiecke links und rechts an der Mittellinie nach innen falten. Als Hilfe evtl. vorher in der Hälfte falten, so entsteht eine Mittellinie.

Das Ganze müsste dann in etwa so aussehen.

Den unten liegenden vorderen Streifen nach oben falten.

Der „große Auftritt"

Die beiden kleinen Dreiecke rechts und links nach hinten falten, so dass diese verschwinden.

Das Ergebnis sollte so aussehen.

Papier umdrehen und das Gleiche mit dem anderen Streifen machen. Es entsteht ein Mini-Geldschein-Hut.

Den Hut jetzt von innen öffnen.

Die inneren, gegenüberliegenden Spitzen nun zusammendrücken. Das Papier sollte dann so vor Ihnen liegen.

Die untere Hälfte jetzt nach oben falten.

Der „große Auftritt"

⑪ Das Papier umdrehen und diese untere Hälfte ebenso nach oben bringen.

⑫ Den Hut von unten innen öffnen und die obere auf die untere Spitze bringen.

⑬ Jetzt die beiden oberen Dreiecke nach außen ziehen.

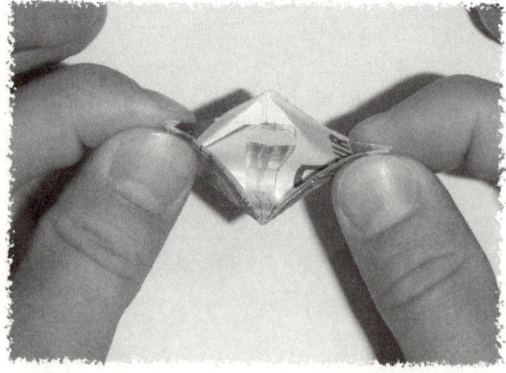

(14) Das Schiff noch etwas nachformen – fertig!

Tipp Diese Geldscheine in Schiffchenform eignen sich hervorragend zur „etwas anderen" Übergabe von Geldgeschenken.

Zurück zum Thema:
Erfolgswerkzeuge Ihrer zauberhaften Präsentation.

Zauberregel/ Businessregel Eine alte, sehr wichtige Zauberregel dazu: **Erzähle nie das, was der Zuschauer sowieso schon sieht!**
Als „Zauberlehrling" beginnt man seine ersten Zaubervorträge meist so: „Sehr verehrte Damen und Herren, hier habe ich ein rotes Tuch und in der anderen Hand eine Münze. Wenn ich jetzt die Münze auf das Tuch lege, werden Sie sehen, dass die Münze verschwindet …!" Diese Darbietung hinkt natürlich an der oben angeführten Zauberregel (meine Vorträge waren anfangs übrigens auch nicht anders). Die Zuschauer kommen sich unbewusst irgendwann veräppelt vor, weil der Zauberer genau das erzählt, was sie ja sowieso sehen. Zudem bleibt keinerlei Spannung bzw. Überraschung, wenn jeder schon weiß, dass die Münze verschwinden wird.
Gleiches trifft natürlich auf Ihre Businesspräsentation zu. Lesen können Ihre Kunden die Information auch selbst. Überraschen Sie Ihre Kunden mit anderem Wissen, das so zu lesen ist! Echtes Entertainment beginnt dann, wenn Sie etwas Kontrastreiches, Überraschendes, Forderndes, Humorvolles etc. zu Ihrem Handeln kommunizieren. Zum roten Zaubertuch zum Beispiel: „Für viele ist das Thema Geld bereits zum ‚roten Tuch' geworden. In

den Unternehmen werden die Gürtel enger geschnallt, es dreht sich scheinbar alles nur noch um die Finanzen. Aber wir alle wissen doch nur zu gut, dass es in unserem Leben um wesentlich wichtigere Dinge als Geld geht. (Pause) Es geht um Aktien, Wertpapiere, Gold und Schiffsbeteiligungen. Doch nun einmal Spaß beiseite, meine Damen und Herren, wir sind hier tatsächlich bei einem sehr ernsthaften Thema angelangt, das viele Menschen zu erdrücken scheint ..." Oder: „Meine Damen und Herren, ich sehe rot, wenn ich das Thema Geld nur höre. Das Geld wird immer knapper. Ich habe das erst vergangene Woche am eigenen Leib verspüren müssen. Ich wollte einen 200-Euro-Schein wechseln lassen – und was war? Ich hatte keinen ..."

Weitere Regel Noch ein zweiter wichtiger Punkt zu diesem Thema: **Eine sich selbst erklärende Präsentation ist eine langweilige Präsentation!**
Hier wiederhole ich noch einmal meinen Anspruch, meist Stichpunkte oder Signalwörter zu verwenden. Wer hier stets mit ganzen, ausformulierten Sätzen arbeitet, kann das Ganze auch kopieren und verteilen. Dann bleibt natürlich die Frage, wofür Sie selbst eigentlich anwesend sind ...? Eine gute Präsentation macht neugierig, beantwortet und stellt Fragen, ist kurzweilig und hat Pfiff!

Die Macht der Bilder Das Thema „Bilder" trifft natürlich ebenso auf die Flipchart-Präsentation zu. Meist stammen meine Tisch-Flip-Seiten sogar direkt aus meinen Vorträgen und sind nur entsprechend angepasst.
Ich verwende gerade bei Vorträgen gerne Bilder mit Menschen, die *Emotionen* auslösen. Diese Bilder nutze ich stets voll *formatfüllend* und lasse meine Texte entsprechend einscrollen (bzw. bei Folien sind sie ins Bild einmontiert).
Wenn ich das Thema „Neues Zeitmanagement" präsentiere, ist das eben nicht nur ein Schriftzug, sondern ein freundlicher Oberkellner serviert diese zwei Worte auf einem silbernen Tablett. Zum Thema „Zeitdiebe" erscheint plötzlich in voller Pracht ein rosa Schwein mit der Unterschrift „Suche nach Unterlagen". Jeder Zuschauer denkt nun trotz hübschem Schwein an

den Saustall auf seinem Schreibtisch, obwohl ich das so nie gesagt habe und die Zuhörer sind nicht nur gespannt, wie ich mich aus der Verbindung mit dem Schwein wieder herauswinde, sondern gleichermaßen auf das nächste Bild.

Das Thema „Delegieren" zeigt bei mir den ersten Mann auf dem Mond. Hier nutze ich eine Fragezeichensituation der Zuschauer. Klar: John F. Kennedy hatte die Vision vom ersten Amerikaner auf dem Mond. Gut, aber er ist doch nicht selbst hingeflogen …! Die Botschaft bleibt, dass wir nicht alles selber machen können, wir müssen lernen erfolgreich zu delegieren.

Auf einen der größten Zeitfresser mache ich sogar mit zwei Bildern vorweg ohne eingeblendeten Text neugierig. Ich erzähle von einem Ort, an dem man hübsche Sekretärinnen treffen kann (Bild einer hübschen Dame im Badeanzug erscheint). Ein Ort, an dem man selber lustig sein kann (es folgt das Porträt eines lachenden Clowns). Und dann kommt meine Auflösung dieser aufgebauten Spannung. Ein Bild einer gigantischen, sitzenden Menschenmenge – zu den größten Zeitfressern in Deutschland zählen Besprechungen! Diese Bildsequenz mag für Sie vielleicht etwas übertrieben wirken, doch Sie sollten die Reaktionen des Publikums im Laufe des Vortrages miterleben …! Die Leute freuen sich auf mehr, sind bereit Botschaften aufzunehmen und können kaum glauben, dass eine Stunde Vortragszeit so verfliegen kann – eben als echtes Entertainment.

Sie merken: Über *Spannungsbogen* und Inhalte, die auf den ersten Blick nichts mit dem Thema zu tun haben, schaffe ich Aufmerksamkeit und mache die Betrachter neugierig. Wichtig ist natürlich, dass anschließend auch wieder bodenständig Zahlen, Daten, Fakten folgen. Sollten Sie jedoch ständig Spannungsbilder erzeugen und dann die Auflösung bringen, weil Sie es selbst so toll finden, dann wird auch diese Präsentation wieder langweilig. Hier kommt es, wie bei vielen Dingen, auf die gekonnte Mischung an.

♥ Die Bezugsadresse einer professionellen Bilddatenbank finden Sie im Anhang.

Mein Tipp: Schaffen Sie sich eine eigene *Bilddatenbank* an. Durchwühlen Sie Ihre Privatarchive, welche Bilder Sie von Ihrer Familie nutzen können. Nehmen Sie auch historische Bilder von Urgroßeltern. Kaufen Sie sich eine Bildergalerie auf CD♥, die es bereits zu erschwinglichen Preisen im Softwarehandel gibt.

Der „große Auftritt"

Schauen Sie im Internet nach starken Bildern. Und vielleicht ist dies auch der Sprung zu Ihrer eigenen Digitalkamera, mit der Suche nach „etwas anderen" Motiven.

Das war für mich rund um die Präsentation mit Tischflip, Overhead, Beamer und Text interessant – Folgendes werde ich anpacken:

_____

_____

_____

Praxisentertainment – beginnen Sie doch mal ganz anders

An dieser Stelle möchte ich Sie dazu einladen, Ihren Vortrag, Ihre Präsentation, Ihre Rede, einfach all Ihre Auftritte vor Menschen zu hinterfragen. Wie wäre es mit einigen neuen, zauberhaften Wegen?

Ausgehend von einem Vortrag werde ich einen seitens der Gäste erwarteten Ablauf kurz aufzeigen (beispielhafte Annahme, läuft jedoch oft genau so ab):

1. Der Gastgeber begrüßt den Redner und stellt ihn kurz vor.
2. Der Redner stellt sich selbst vor.
3. Er kreist das Thema von außen her ein.
4. Er legt Overhead-Folien auf, präsentiert mit Beamer und/oder schreibt etwas auf ein Flip-Chart.
5. Er kommt auf den Punkt, bedankt und verabschiedet sich!

Das Ganze etwas ausführlicher mit neuen Ideen

1. Der Gastgeber begrüßt den Redner und stellt ihn kurz vor

„Beginnen Sie doch mal ganz anders" ist in diesem Moment schwer möglich, da ja jemand anders für Sie startet. Jedoch können Sie auch hier auf Ihre Ankündigung Einfluss nehmen. Geben Sie dem Gastgeber schon vorab eine Hilfestellung in Form einer schriftlichen Kurzankündigung zu Ihrer Person. Es ist unglaublich, wie man oft von Moderatoren, sei es vor Aufregung oder Unwissenheit, angekündigt wird. Eigentlich ist dieses Angebot eines *Ankündigungs-Stichworttextes* eher ein Selbstschutz – und dieser wird obendrein meist gerne angenommen, da Ihr Gastgeber ja dadurch auch wieder Zeit spart und sich nichts aus den Fingern saugen muss.

2. Der Redner stellt sich selbst vor

Erste Frage: warum denn? Wenn Sie Punkt 1 clever gelöst haben, folgt hier meist eine ausladende Dublette. Wenn Sie eher das Bauchgefühl haben ‚das sollte ich trotzdem tun' – wie wäre es denn damit:

Als Zauberer stelle ich mich gerne mit folgenden Worten vor: „Sehr verehrte Damen und Herren, mein Name ist Oliver Alexander, Deutschlands größter Zauberkünstler ... (kurze Pause) sagte einmal zu mir, hier beim Unternehmen x/y arbeiten besonders freundliche Menschen ...!"

Erwartet wird oft lediglich der erste Teil meiner Ankündigung, ein Macho, der vorn steht und sagt: „Ich bin der Star und zeige euch breitem Fußvolk, wie es geht!" Wenn Sie dies auch wie viele andere so erlebt haben, machen Sie sich dieses Wissen für Ihren Sympathievorsprung zu Nutze. Stellen Sie sich vor, Sie halten einen Vortrag über Lebensversicherungen und steigen so ein: „Sehr verehrte Damen und Herren, mein Name ist Helmut Maier, *Deutschlands Experte Nr. 1 in Sachen Lebensversicherungen ... (kurze Pause) sagte einmal zu mir ... "*

Diesen mentalen Sprung der Zuhörer von „Experte Nr. 1" („Oh nein, wieder so ein aufgeblähter Hammel!") zu „sagte einmal zu mir" („Wow, clever, nicht so arrogant wie die andern und Humor hat der auch noch!") sollten Sie einfach mal erleben!

3. Er kreist das Thema von außen her ein

Oft wird weit ausgeholt, nach dem Motto „Wie war es früher ..." etc. Ich möchte Sie dafür begeistern, doch einfach mal voll ins Thema einzusteigen. Im Falle des Versicherungsexperten: „Viele denken, ich möchte Ihnen hier etwas verkaufen ... (Pause) ... stimmt! Ich verkaufe Ihnen eine halbe Million Mark bzw. 250.000 Euro für nur 8 Euro pro Tag. Mit diesem Angebot *ziehen wir* jährlich rund 10.000 Kunden *über den Tisch* und ich sage Ihnen: Ob Angestellter, Rechtsanwalt oder Arzt, unsere Kunden sind einfach begeistert!" Bestimmt eine Eröffnung der anderen Art, bei der Ihnen die Aufmerksamkeit aller Hörer sicher ist (Zahlen wurden übrigens nur fiktiv angenommen). Diese Idee sorgt dafür, dass Sie mitten ins Thema „knallen" und latente „Einwände" der Zuhörer vorweg schon als Ihre Power-Verkaufswerkzeuge nutzen! Die angeführten Berufsbilder der Kunden wurden übrigens bewusst so gewählt. Gerade den Berufsgruppen Arzt und Rechtsanwalt spricht man im Allgemeinen Intelligenz und Vertrauen zu. Dem Unterbewusstsein unserer Kunden sagen wir damit, dass unglaublich clevere Menschen auch auf dieses Produkt bauen.

Ein anderer Vorschlag ist, mit *sprachlichen Bildern* zu starten; wohlgemerkt bevor Sie irgendetwas zum Thema gesagt haben. Dazu ein Beispiel (frei erfunden) – die Eröffnung einer Rede eines Dentalvertreters vor Zahnärzten: „Stellen Sie sich vor, Sie gehen durch einen Wald, der Bach plätschert, ein schöner Waldweg. Vor ihnen gelb leuchtende Sumpfdotterblumen. Sie nähern sich dem Bach, über ihn führt eine kleine Brücke. Sie betreten die Brücke und ‚krach' landen völlig durchnässt im Bach. Die Brücke ist gebrochen. Meine Damen und Herren, wäre diese Brücke aus unserem neuen ‚Dentikraft' gewesen, dann, das garantiere ich Ihnen, hätte die Brücke gehalten. Verehrte Ärzteschaft, vielleicht ein etwas ungewohnter Einstieg für eine Präsentation im Dentalbereich. Doch ich weiß, dass ich hier für Sie etwas ganz Besonderes habe, das nach einer etwas anderen Präsentation verlangt ..." Auch hier bauen Sie mit etwas Schmunzeln unglaubliche Spannung auf. Alle fragen sich: „Wo will der hin mit dieser Story?" Gerade solche sprachlichen Bilder sorgen dafür, dass Ihre Zuhörer förmlich an Ihren Lippen hängen. In diesem Moment können Sie eine Stecknadel fallen hören. Übrigens muss ein solcher Beginn nicht immer humorvoll enden. Auch ein emotionales und nachdenkliches Erlebnis schafft hier einen unglaublichen Start. Wichtig ist jedoch, dass Sie kurz aufeinander folgende Bilder im Gedächtnis Ihrer Zuhörer malen.

Starten Sie mit einer Demonstration Nehmen Sie einen *Zimmerernagel* (ca. 30 cm Länge) und hauen Sie ihn mit einem kräftigen Schlag in ein Stück Holz. Dies wäre zum Beispiel ein Anfang für die Rede eines Marketingstrategen. Frage: „Sie wollen eine Marktdurchdringung?" **Jetzt folgt der laute, harte Schlag.** Antwort: „Dann müssen Sie spitz in den

Markt! Wir sollten uns endlich abschminken, dass wir mit einem alten und stumpfen Volleisen unsere Kunden erreichen!" Stellen Sie sich diesen lauten „Rums" beim Schlag auf den Nagel vor – das sind nachhaltige Erlebnisse, die direkt ins Unterbewusstsein sausen.

Für einen Architekten habe ich beispielsweise folgende Idee entwickelt. Er hatte die Geschichte eines Verbandes vor wichtigem Publikum vorzutragen. Als Architekt, der sich zudem auf ökologisches Bauen spezialisiert hat, bietet es sich förmlich an, diese eher „trockenen" Geschichtsdaten in eine Demonstration zu verpacken. Die Idee war, während der Rede eine *Hausfront aus Lehmbausteinen* mit bedruckten Schlagwörtern aufzubauen. Der Schlusssatz mündet dann in einem Sonnenschirm auf dem Hausdach, um symbolisch diesen sonnigen Erfolg heute gemeinsam zu feiern. Übrigens: Seine Zuhörer kamen allesamt aus der Wirtschaft. Diese Rede ist somit nicht nur spannend, sondern wirkt gleichzeitig als einzigartiges PR-Instrument für diesen Architekten.

Binden Sie Ihr Publikum ein

„Meine Damen und Herren, bitte strecken Sie Ihre beiden Arme nach vorn. Legen Sie die Handinnenflächen gegeneinander. Und jetzt überkreuzen Sie spontan die Finger. Beachten Sie jetzt Ihre überkreuzten Daumen. Man sagt, dass Menschen, die jetzt den rechten Daumen oben auf haben, wesentlich glücklicher sind als die, die den linken Daumen oben haben. Aha, ich sehe schon, Sie schielen jetzt auf die Daumen Ihrer Nachbarn. (Abwarten, bis sich die Unruhe im Publikum etwas gelegt hat.) Wenn Sie nun an diese Behauptung glauben, dass Schicksal, Karma, der Daumen oder sonstige Dinge allein verantwortlich Ihre Zukunft bestimmen, warum sind Sie dann hier? Sie sind wegen den wichtigsten 20 cm in unserem Leben hergekommen. Die 20 cm unseren Allerwertesten vom Stuhl zu heben, um etwas Besonderes in unserem Leben zu bewegen. Der Mensch wird allein dadurch zum Hellseher, dass er seine Zukunft selbst bestimmt, oder wie es Hermann Gmeiner, der Gründer der SOS-Kinderdörfer, ausgedrückt hat: ,Das Gute in dieser Welt passiert deshalb, weil einer mehr tut, als er eigentlich muss!'"

Dies wäre zum Beispiel ein Start zu einem Vortrag zum Thema „Lebensmeisterschaft" oder etwas Ähnlichem. Durch die aktive Einbindung Ihrer Zuhörer binden Sie Aufmerksamkeit. Gerade mit diesem „Fingerüberkreuzen-Einstieg" können Sie unter anderem Gerüchten entgegenwirken, Thesen widerlegen oder auch einfach spannend und humorvoll einsteigen. Sie könnten zum Beispiel behaupten, dass die mit dem rechten Daumen oben mehr Umsatz machen als andere, die besseren Liebhaber sind oder für eine Beförderung vorgesehen sind. Die Lacher sind Ihnen an dieser Stelle sicher und einige Daumen werden wohl auch sehr schnell wechseln.

Natürlich gibt es noch viele andere Möglichkeiten, das Publikum aktiv einzubinden. Vom Handzeichen nach einer Eröffnungsfrage bis hin zu „Drehen Sie sich bitte jetzt nach hinten um und reichen Sie Ihrem Hintermann die Hand". Letzteres ist besonders dann interessant, wenn alle in Reihen hintereinander sitzen, da sich ja jeder in diesem Moment nach hinten umdreht. Erfolg hat somit nur die letzte Reihe. Wie Sie dieses Ereignis kommentieren, bleibt natürlich wieder Ihrer Fantasie überlassen.

Diese Beispiele sollen alle nur als Anregung dienen. Es geht darum, dass Sie Ihren eigenen Stil passend zu Ihrem Produkt/Ihrer Dienstleistung finden. Einen absolut heißen Tipp dazu finden Sie übrigens auch im Schlusskapitel „Aus der Trickkiste des Autors".

4. Er legt Overheadfolien auf, präsentiert mit Beamer und/oder schreibt etwas auf das Flipchart

Auf die allgemeine Gestaltung von Overheadfolien bzw. die Macht der Bilder bin ich bereits eingegangen. Für den Beamer sollten Sie sich auf jeden Fall eine *Infrarot-Fernbedienung* anschaffen, damit Sie sich auf Ihrer Bühne frei bewegen können. Es sieht wenig professionell aus, wenn Sie für die nächste Sequenz stets zum Laptop zurückeilen müssen. Gute Fernbedienungen geben Ihnen heute einen Freiraum von 10 bis 30 Metern.

Auch über das Thema „Musik" sollten Sie sich rund um Ihre Präsentation Gedanken machen. Wenn Sie das Gefühl haben, dies habe nichts in Ihrem Vortrag zu suchen, wie wäre es dann mit *Hintergrundmusik zum Einstieg*, bis alle Zuhörer sitzen? Es ist

unglaublich trocken, wenn man jeden Räusperer samt Stühle-
rücken hört und in Totenstille wartet, bis es endlich losgeht.
Dies bitte ruhig auch wortwörtlich nehmen: Totenstille kann
Ihr Entertainment töten. In der Zauberei werden Sie kaum eine
gute Show finden, die nicht mit Musik beginnt und auch endet.
Vor allem die letzten Takte Ihrer Show sind mit die wichtigsten
Momente Ihrer gesamten Darbietung. Bei Künstlern spielt man
hier bewusst so genannte Applausmusik ein. Meistens sind das
Stücke im 4/4-Takt, die den Klatschrhythmus unterstützen. Dies
gibt einer Darbietung den letzten Kick und unterstreicht die
Tatsache, dass die letzten Momente eines Auftritts den Zuschauern am besten in Erinnerung bleiben. Schieben Sie diese
Anregung bitte nicht zu weit von sich. Überlegen Sie sich ernsthaft, ob Sie bei Ihren Vorträgen das Erfolgswerkzeug Musik
nicht künftig einsetzen möchten.

Wer Großes mit-
zuteilen hat ...
Zurück zum Flipchart – hier gilt folgende Regel: *„Wer Großes
mitzuteilen hat, benutzt große Stifte!"* Diese Botschaft verdanke
ich übrigens dem Trainer und Freund Matthias Pöhm aus der
Schweiz, der inzwischen von der Presse als Schlagfertigkeits-
coach Nr. 1 in Deutschland gelobt wird. Buchtipps zu seinen
empfehlenswerten Werken finden Sie im Anhang. Immer wieder erlebe ich Vorträge, bei denen dem Publikum ganze Sätze
mit Dünnstiften präsentiert werden. Trauen Sie sich zu, Signalwörter statt ganzen Sätzen zu verwenden und greifen Sie zu dicken Stiften. „Dicke Stifte" ist eigentlich untertrieben, eigentlich
müsste ich von *Jumbo-Stiften* schreiben – damit meine ich zum
Beispiel den edding 800 (4-12 mm)! Dieser Edding hat einen
Schaftdurchmesser von circa 2,5 Zentimetern und somit genau
die richtige Größe. Probieren Sie es einfach selbst aus. Schreiben Sie oben ein Wort mit Ihrem üblichen Stift und darunter
dasselbe Wort mit diesem Jumbo-Stift. Entfernen Sie sich einige Schritte von der Tafel und staunen Sie selbst über das Ergebnis.
Grundsätzlich gilt natürlich auch beim Flipchart, dass ein Bild
bzw. eine Skizze mehr sagt als tausend Worte. Allerdings muss
ich zugeben, dass Zeichnen nicht meine Stärke ist und ich lieber auf Text zurückgreife. Jedoch gibt es auch hier Profis, die

mit nur ein paar Strichen ein Männchen mit echten Emotionen zeichnen können. Kompetente Kollegen bieten eigens dafür übrigens auch Seminare an.

5. Er kommt auf den Punkt Wenn Sie schon beim Einstieg „mitten ins Thema" gesprungen sind, können Sie sich dies jetzt sparen. Sollten Sie jedoch erst an dieser Stelle zum Kern Ihrer Rede kommen, ist es wichtig, wie bei der Zauberei auf den Spannungsbogen zu achten. Das bedeutet im Allgemeinen Ihre Präsentation mit einem „Kracher" zu beginnen und dann als Kontrast dazu sachlich einzusteigen. Die Spannung gilt es bis zum Schluss stets leicht zu steigern, wobei am Ende Ihr Highlight stehen sollte.

Gute Straßenkünstler leben den Ausspruch: „Klappern gehört zum Handwerk." Auch von deren Praxis können wir profitieren. Das heißt, Ihr Einstieg und Ihr Highlight dürfen ruhig auch akustisch, wie beispielsweise beim Einschlagen des Zimmerernagels, etwas von sich geben. Optisch können Sie natürlich auch ein neues Produkt oder eine neue Idee enthüllen oder etwas völlig Unerwartetes präsentieren. Ein Kunststück für einen unglaublich beeindruckenden optischen Feuereffekt für Ihre Präsentation finden Sie am Ende dieses Kapitels. Schön ist es auch, wenn Ihr Schluss zudem eine Botschaft mit *Aufforderungscharakter* beinhaltet. Zum Beispiel: „Liebe Mitarbeiter, ich bin mir sicher, dass dieses neue Produkt uns zum unangefochtenen Marktführer macht. Unsere neue Entwicklung haben wir der gesamten Belegschaft, die wiederum ihre Teamstärke bewiesen hat, zu verdanken. Als Anerkennung, die über unser Lob hinausgehen soll, bekommt jeder Mitarbeiter zum Monatsende eine Zusatzgratifikation von 100 Euro mit auf den Weg. Doch das Rennen beginnt wohlgemerkt erst jetzt und ich wünsche mir, dass jeder Einzelne von uns das Seine zu dieser Meisterschaft beiträgt, vielen Dank!"

Eine Aufforderung wird oft mit den Worten „... ich wünsche mir ..." ausgedrückt und ist gleichzeitig auch ein sehr guter Schluss für jede Rede bzw. jeden Vortrag. Wichtig ist zudem auch Ihre Körpersprache (siehe Kasten „TORNADO-Methode"). Durch eine offene und nach oben gerichtete Handhaltung in Verbindung mit dem knackigen „vielen Dank" muss auch die letzte Reihe nun wissen: „Jetzt ist Schluss, gute Rede, auf geht's, Applaus!"

Grundsätzlich sollte das Bedanken vor dem Abgang ein wohldurchdachter Vorgang sein. Alle, die Sie vergessen, können Sie hier enttäuschen. Vergessen Sie nicht die zahlreichen „guten Geister", die nicht gerade im Rampenlicht stehen. Dass Sie sich bei Ihrem Gastgeber für die Einladung bedanken, ist wohl selbstverständlich. Eine gekonnte Abwechslung ist es auch, wenn Sie als Gast dem Gastgeber ein kleines Präsent mitbringen (statt umgekehrt). Dies ist zudem noch ein sehr gutes Marketinginstrument, worüber Sie mehr im Kapitel „Wie Sie beim Kunden bleiben, obwohl Sie weg sind" lesen.

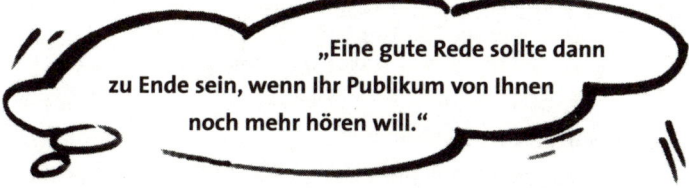

„Eine gute Rede sollte dann zu Ende sein, wenn Ihr Publikum von Ihnen noch mehr hören will."

Von diesen Präsentations-Tipps werde ich folgende für mich nutzen (hier noch ein paar Anregungsstichworte: Ankündigungsstichworttext für Gastgeber – Vorstellen als Deutschlands größter ... – voll ins Thema einsteigen – sprachliche Bilder – Demonstration – Infrarotfernbedienung – Musik – Publikum einbinden – Jumbostifte – Schluss mit Aufforderungscharakter etc.):

_____

_____

_____

_____

Meine TORNADO-Methode
... der richtige Wind für Ihre Rede/Ihren Vortrag/Ihre Präsentation:

T = Tief ausatmen (gleichzeitig die Schultern nach unten, beides nimmt die Aufregung)

O = Overhead etc. nie vor mir (Beamer, Tische usw., die vor dem Sprecher stehen, „stehlen" Energie)

R = Rasensprenger-Blick (wer auf sein Publikum wirken will, braucht wechselnden Augenkontakt)

N = Nuscheln verboten (kräftige Stimme – eine schüchterne und leise Stimme impliziert leider oft mangelnde Kompetenz)

A = Aufrecht stehen (wie ein Baum, Beine bitte schulterbreit, wobei manche Männer ihre Schulterbreite überschätzen)

D = Die Hände in Bauchnabelhöhe (Gesten nach oben signalisieren positive Botschaften, Hände nach unten negative. Auf Bauchnabelhöhe sind Ihre Hände in neutraler Ausgangsposition)

O = Oder einfach Stift etc. in die Hand (Wer nicht weiß, wohin mit den Händen bei freiem Stehen, nimmt etwas zur Hand)

Präsentationszauberei mit Pyropapier
Ein einfache und unglaublich effektvolle Möglichkeit Entertainment zu zaubern ist der Umgang mit Pyropapier. Keine Angst, die Handhabung ist wirklich sehr einfach und ohne große Übung schnell einsetzbar. Pyropapier erhalten Sie in dem im Anhang aufgeführten Zauberfachhandel. Selbiges Material gibt es übrigens auch als Pyroschnur, Pyrochips oder Pyrowatte. Neben der Zauberei nutze ich Pyropapier gerne in meinen Vorträgen zum Thema Zeitmanagement. Pyropapier sieht für den Laien aus wie ein Blatt einfaches weißes Papier. Ich habe diesen Effekt schon vor 300 und vor 3 Menschen gezeigt, er ist unglaublich universell einsetzbar. Was geschieht? Ich nehme das Blatt zur Hand und ziehe den Vergleich, dass dieses Blatt unse-

re gesamte zur Verfügung stehende Arbeitszeit darstellt, wenn wir morgens ins Büro gehen: „Dann kommt die Sekretärin mit der Nachricht, dass Sie noch heute zu einem wichtigen Meeting müssen, das erst nächste Woche stattfinden sollte. Somit fehlt Ihnen schon ein Stück Ihrer Zeit." Hier reiße ich ein Stück vom Papier ab, symbolisch für die fehlende Zeit. „Plötzlich steht um 10 Uhr ein wichtiger Kunde bei Ihnen unangemeldet in der Tür." Wieder reiße ich ein Stück ab. „Der Chef ruft Sie am Nachmittag zu sich, auch damit hatten Sie nicht gerechnet." Wieder ein Stück weg. „Eine Reklamation eines Kunden, die ja nicht voraussehbar war, muss zudem sofort bearbeitet werden." Wieder ein Stück weg. Und so zerreiße ich das Blatt zu lauter einzelnen Zetteln. „Am Ende des Arbeitstages sind Sie zu Ihren eigentlich wichtigen Tätigkeiten nicht gekommen und Sie rufen nach Aladins Wunderlampe mit der Bitte, dass er Ihnen die Zeit zurückbringen soll." Ich nehme an dieser Stelle eine kleine Miniaturwunderlampe zur Hand, die nichts anderes als ein Feuerzeug ist und entzünde die Pyropapierschnipsel mit den Worten: „Doch Ihre Zeit ist verpufft!" Und leite anschließend in das Thema Zeit- und Prioritätenplanung über.

Das beeindruckende Entzünden des Pyropapiers sollten Sie einfach erlebt haben. Je nach Größe des Papiers kreieren Sie eine beeindruckende Stichflamme von ca. 50 Zentimetern, die Ihre Zuschauer so schnell nicht vergessen werden. Aber jetzt bitte keine Angst. Der Umgang mit Pyropapier ist bei sachgemäßer Handhabung absolut ungefährlich und keineswegs mit Themen wie Feuerspucken oder Feuerschlucken zu vergleichen. Das Ganze ist zudem ein absolut sauberer Vorgang, bei dem in Ihrer Hand oder Bekleidung keinerlei Rußreste verbleiben. Jedoch sollten Sie natürlich schon ein paar Mal diesen Effekt üben, damit Sie auch Abstände zum Publikum bzw. zur Decke einschätzen können. Beim ersten Mal können Sie auch gerne alte Winterhandschuhe anziehen, damit Sie etwas Vertrauen zu diesem Feuer bekommen. Sie werden sehen, das Ganze ist wirklich einfacher, als Sie denken.

Ein Tipp noch am Rande Klären Sie vorher mit dem Veranstalter, ob nicht direkt über Ihnen Feuer- oder Rauchmelder installiert sind, bzw. lassen Sie diese kurz abstellen. Wenn die anrückende Feuerwehrmannschaft nicht zu Ihrer bewussten PR-Aktion gehört, kommt diese Maßnahme sicher sonst weniger gut an!

Hoffentlich habe ich Ihnen jetzt den Umgang mit Pyropapier so richtig schmackhaft gemacht! Trotzdem muss ich Sie auch auf Folgendes aufmerksam machen: Pyropapier, so ungefährlich es auch scheint, unterliegt dem Sprengstoffgesetz. Das bedeutet zum Beispiel, dass es feucht gelagert werden muss, weshalb es vom Zauberfachhandel im selbigen Zustand in kleinen Tüten verpackt geliefert wird. Zudem ist eine Abgabe laut Hersteller an Personen unter 18 Jahren nicht erlaubt. Bitte beachten Sie auch stets die mitgelieferten Sicherheitshinweise im Umgang mit diesem Material!

Hier eine Idee, wie man Pyropapier als Finanzberater einsetzen kann

Zeigen Sie im übertragenen Sinne, was passiert, wenn wir nicht am Anfang des Monats unsere Sparvorhaben fest verbuchen. „Sehr verehrte Kunden, dieses weiße Blatt Papier soll unser Budget symbolisieren, das uns in Form von Gehalt oder Lohn am Monatsanfang zur Verfügung steht. Wenn wir jetzt nicht schon am Ersten des Monats einen festen Betrag davon zur Investition abzweigen, passiert Folgendes. Die Miete ist fällig (jetzt symbolisch für die Miete ein Stück Papier abreißen). Die Autoversicherung ist zu zahlen (abreißen). Doch mit einer Autoversicherung alleine sind wir bestimmt unterversichert, da kommen noch die ganzen anderen Versicherungen hinzu (wieder ein Stück abreißen). Natürlich müssen wir uns bzw. unserer Frau auch mal ein neues Kleidungsstück gönnen (abreißen). Ganz vergessen, dass der Junior eine Woche ins Schullandheim fährt (abreißen)." So fahren Sie fort bis zum letzten Schnipsel, entzünden diese und verkünden sogleich: „Was am Ende des Monats bleibt, ist viel heiße Luft – und das geht, ehrlich gesagt, den meisten Menschen so. Deshalb zählt es zu den wichtigsten psychologischen Grundlagen erfolgreicher Kapitalentwicklung, dass wir am Anfang des Monats einen festen Betrag investieren, damit wir nicht am Ende mit leeren Händen dastehen ..." Mit dieser emotionalen und eindeutigen Feuerbotschaft können Sie sicher sein, langfristig Ihre Zuhörer im Bewusstsein berührt zu haben.

Es lohnt sich, darüber nachzudenken, wie Sie dieses besondere Werkzeug auch in Ihrer Branche nutzen können!

Schlüsselbegriffe:
★ Umgang mit Zeit und Geld
★ Rente/Bedürfnisse
★ weniger Rentner/weniger Junge in Krankenkassen
★ mehr Umweltbelastungen
★ mehr Arbeitslose
★ mehr Sportbegeisterte
★ mehr Singlehaushalte
★ mehr Freizeitmöglichkeiten
★ mehr Fakten
★ alte Verträge zerreißen
★ Recycling: aus Papier wird Energie ...

Simsalabim und weg: Einwände und Bedenken

Noch immer sind wir beim Vortrag, bei Ihrer Rede oder eben einer Verkaufspräsentation. Egal, was Sie verkaufen oder wen Sie überzeugen wollen, der Umgang mit Einwänden seitens des Kunden entscheidet nicht selten über Erfolg oder Misserfolg Ihres Auftretens. Da es bereits unzählige Abhandlungen zur Einwandbehandlung speziell im Verkaufsbereich gibt, werde ich Sie davon an dieser Stelle verschonen. Gleichzeitig möchte ich Ihnen jedoch die Verwendung einer der bereits aufgeführten Zauberbotschaften ans Herz legen, da diese sicher zu den besten Eingangsformulierungen einer Einwandbehandlung zählen.

Mein Erfolgsrezept Einwänden zu begegnen, ist diese *selbst auf den Tisch zu bringen*, bevor auch nur ein Zuhörer ein Wort darüber verlieren konnte. Erinnern Sie sich noch einmal an das Beispiel des Versicherungsvertreters: „Viele denken, ich möchte Ihnen nur etwas verkaufen? (Pause) Stimmt!" Und dann zeigen Sie, was Sie draufhaben.

Hier einige Vorteile, wenn ich selbst den Einwand offensiv präsentiere:

★ Sie brauchen nicht ständig um den heißen Brei herumzureden.
★ Sie sind bereits mit einer Antwort professionell und clever vorbereitet.
★ Sie sprechen genau das an, was viele nur denken und im Innersten doch beantwortet haben wollen.

★ Sie haben durch dieses Anpacken „heißer Eisen" stets einen enormen Sympathievorsprung (dann stimmt auch „die Chemie").

Dazu wieder ein Praxisbeispiel. Für einen namhaften Outdooranbieter hatte ich das Telefonteam im Training. Die Teilnehmer bekundeten, dass aufgrund der Raftingunfälle durch unprofessionelle Mitanbieter die Kunden bezüglich der Sicherheit besorgt seien. Dies käme zwar seitens der Kunden meist nicht so deutlich zur Aussage, doch sei diese Angst einfach vorhanden und unter einem anderen Vorwand wird schließlich dann doch nicht gebucht. Da es sich hier um einen, wenn auch meist unausgesprochenen Einwand handelt, ist aus meiner Erfahrung hier die eben genannte Direktmethode das beste Mittel. Gerade in dieser Zeit, in der beispielsweise Raftingunfälle zudem von der Presse hochgepuscht werden, ist es wichtig offensiv vorzugehen. Im Laufe des Kundengespräches brachten die Berater eben genau dieses Thema selbst auf den Tisch:
„… jetzt gibt es natürlich auch Kunden, die um die Sicherheit Ihrer Mitarbeiter bei einer solchen Raftingtour fürchten. Für uns steht die Sicherheit unserer Teilnehmer stets an erster Stelle.
Als Mitbegründer des Tiroler Raftingverbandes ist es unser Anliegen diese hohen Standards auch anderen Anbietern ans Herz zu legen. Dieser Sicherheitsfokus unserer speziell ausgebildeten Guides ist unter anderem unser Garant dafür, dass wir seit 15 Jahren unfallfrei Raftingtouren anbieten können …"
Sie merken selbst, dass dieser Einwand hier zum klassischen Verkaufsinstrument umgewandelt wurde. Das gleiche Erfolgsrezept funktioniert natürlich auch bei Ihrer Rede beispielsweise vor einem Gremium. Die Praxis hat wiederum gezeigt: Je größer ein latenter Einwand bei den Zuhörern ist, desto eher sollte er am Anfang Ihrer Präsentation stehen. Damit lösen Sie vorrangige Blockaden auf und der Kopf Ihrer Gäste wird frei für Ihre weiteren Botschaften.

Die meisten Menschen tendieren dazu in ihre Person, in ihr Produkt oder ihre Dienstleistung „verliebt" zu sein. Wer die Nase vorn haben will, setzt diese Brille für einen Augenblick ab, um bewusst nach Einwänden zu suchen.

1. Folgende Einwände/Bedenken bezüglich meines Produkts/meiner Dienstleistung/meiner Person könnten verdeckt vorhanden sein:

2. So nutze ich diese Einwände als Verkaufsinstrument und bringe es mit folgenden Worten und begeisterten Umkehrschlüssen direkt auf den Tisch:

_____

_____

_____

_____

Zauberbox-Kunststück:
Knoten lösen – Visionen leben
Zur Erinnerung – die Schere bedeutet, dass Sie sich dieses Kunststück auch selber basteln könnten.

„Ganz ehrlich, wir brauchen das auch nicht zu beschönigen, in den vergangenen Wochen hatten wir in unserer Firma so manchen Knoten in der Produktion (Vortragender zeigt ein Stück Seil mit einem Knoten darin). Andere Mitarbeiter hätten sich darin festgebissen und ihre Kreativität auf alleiniges Schimpfen beschränkt. Doch die Mehrzahl unserer Belegschaft, und darauf bin ich stolz, hat nach Lösungen gesucht. Und heute ist der Tag, diesen Knoten mit einem Schmunzeln abzuziehen und voller Stolz hinter uns zu werfen (zieht einfach den Knoten mitten aus dem Seil ab, zeigt ihn und wirft ihn über die Schulter). Heute ist der Tag zu feiern, wir haben es gemeinsam geschafft diesen Großauftrag zu bewältigen und dafür danke ich jedem Einzelnen von Ihnen ..." So beispielsweise könnte Ihre zauberhafte Rede beginnen, über die man mit Sicherheit noch lange spricht.

Das erlebt der Zuschauer Sie präsentieren Ihrem Publikum ein Stück schneeweißes Seil, in dem sich ein Knoten befindet. Im Laufe Ihres Dialoges umgreifen Sie locker den Knoten und ziehen ihn für alle sichtbar seitlich vom Seil ab. In der Hand werfen Sie das Stück Knoten noch einmal in die Luft und legen oder werfen es schließlich beiseite.

Der Trick dabei Sie erhalten in der Zauberbox ein Stück weißes Zauberseil, das besonders geschmeidig ist. Mit diesem Seil ist es relativ einfach einen Scheinknoten herzustellen. Ein Scheinknoten ist ein „falscher Knoten", der durch bloßes Ziehen verschwindet. Zudem liegt diesem Seil ein Extraknoten bei, den Sie auf einfache Art vorher in der Hand verbergen. In der Fachsprache der Zauberer heißt eine solche Technik „palmieren". Die Anleitung für einen einfachen Scheinknoten und das Palmieren entnehmen Sie den Bildern.

Legen Sie in der Mitte eine kleine Seilschlinge wie im Bild. Rechtes Seilende liegt auf linkem.

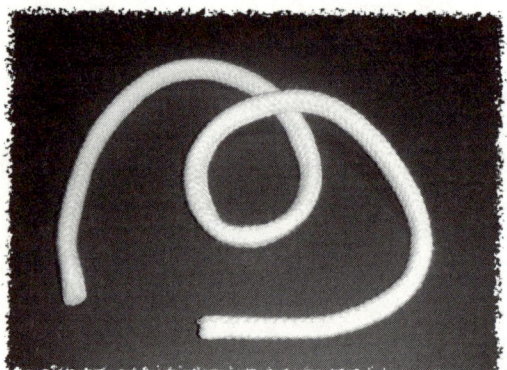

Drücken Sie mit dem rechten Ringfinger von hinten durch die Schlinge eine kleine Zweitschlinge hindurch.

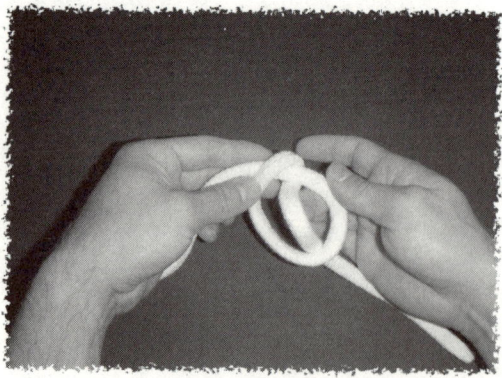

③ Jetzt nehmen Sie den rechten Ringfinger aus der Schlinge und schieben den Kreuzungspunkt der Erstschlinge von oben nach unten zu.

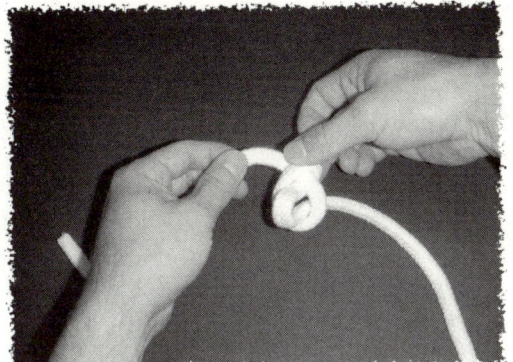

④ Dadurch entsteht dieser noch etwas unförmige Scheinknoten.

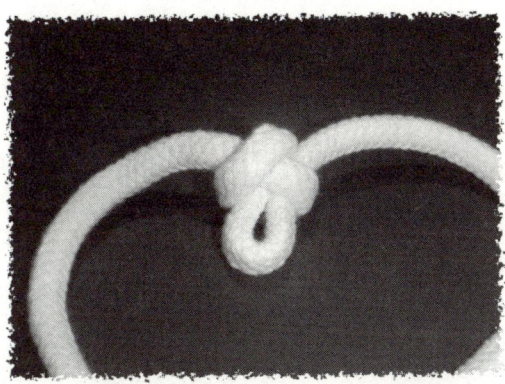

⑤ Jetzt noch Knoten optisch durch wechselndes Ziehen der Seilenden verbessern. So entsteht ein schöner Scheinknoten.

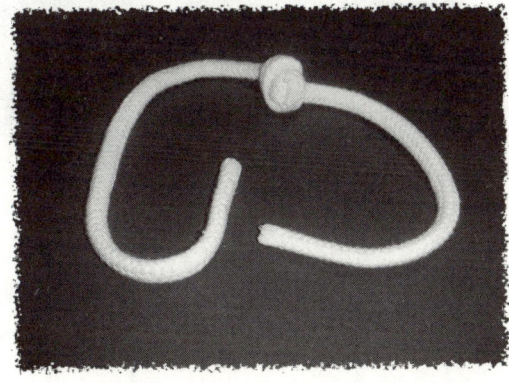

Der „große Auftritt"

Selber basteln

Nehmen Sie ein möglichst starkes, aber weiches Seil, Länge etwa 60 bis 80 cm. Am Ende des Seiles machen Sie einen echten Knoten. Dieser wird abgeschnitten, schon haben Sie den Extraknoten. Der Rest ist Ihr Auftrittsseil. Sie können die Enden, wenn Sie möchten, auch gegen Aufspleißen sichern. Bei Baumwollseilen, wie dem in der Zauberbox, eignet sich Holzleim sehr gut dazu. Nehmen Sie kein Feuerzeug. Viele Kunststoffseile färben sich dann schwarz bzw. bräunlich und jeder sieht, dass Ihr Knoten präpariert war.

Die Präsentation

Sie nehmen den Knoten in die Palmage einer Hand. Der Knoten sollte hinter dem leicht gekrümmten Mittel-, Ring- und Kleinfinger liegen. Mit der **gleichen Hand** halten Sie nun zwischen Daumen und Zeigefinger das Seil. Das ist eine absolut natürliche Handhaltung und keiner sieht den Knoten. Kurz bevor Sie textlich an Ihre Schlüsselstelle mit dem „Knoten abziehen" kommen, übergeben Sie das Seil in die linke Hand. Darauf umfasst die rechte Hand mitsamt dem Knoten in der Palmage den Scheinknoten am Seil und zieht ihn etwas nach unten und gleichzeitig nach rechts außen ab. Jetzt öffnen Sie Ihre Hand und zeigen den „abgezogenen" Knoten und werfen ihn als Beweis leicht in die Höhe. Ihrem Publikum werden die Worte fehlen.

Der Extraknoten kommt in die rechte Palmage etwa auf Höhe des Ringfingers.

⑦

Diesen Knoten halten Sie verborgen, was sehr natürlich aussieht, wenn Sie in der gleichen Hand das Seil halten.

⑧

Kurz vor dem Haupteffekt übergeben Sie das Seil in die linke Hand. Umgreifen dann mitsamt dem Extraknoten in der rechten Hand den Scheinknoten und ziehen ihn locker mit einem kleinen Ruck nach unten und gleichzeitig rechts zur Seite ab.

⑨

Zum Schluss Seil und den scheinbar abgezogenen Extraknoten dem Publikum präsentieren, eventuell noch einmal locker in der Hand hoch werfen und weg damit ... Applaus bzw. Staunen entgegennehmen – fertig!

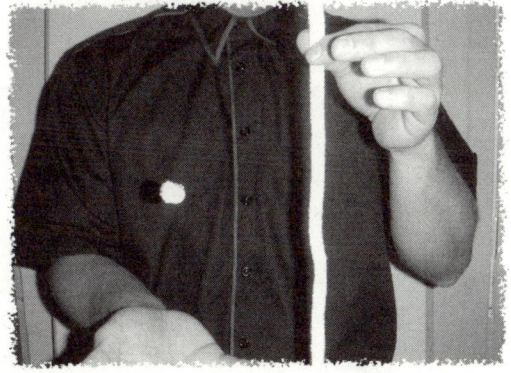

Tipp Machen Sie sich mit dem Scheinknoten vertraut. Wenn Sie das Seil später bei der Präsentation mit dem falschen Ende nach oben halten, kann es sein, dass dieser sich nach unten nur schwer öffnet. Probieren Sie beide Seiten aus.

 **Schlüsselbegriffe**:
★ Knoten
    im Leben
    in der Kommunikation
    im Beruf
    im Team
    im Absatz
★ Knoten sind da, um sie zu lösen
★ Knoten abstreifen/anpacken
★ weg damit, her mit Visionen
★ vom Problemdenker zum Lösungsdenker ...

Wie Sie beim Kunden bleiben, obwohl Sie weg sind

Gleich vorweg wieder ein Beispiel aus der Zauberpraxis. Ich zaubere vor etwa 60 Gästen – eine private Feier eines Ärztepaares, gehobenes Publikum. Der Gastgeber selbst ist begeistert und humorvoll in ein besonderes Kunststück eingebunden. Die Show erreicht ihren Höhepunkt, Applausmusik setzt ein – ich bedanke mich für das zauberhafte Engagement. Einen Schritt zur Seite und halt! – noch einmal mitten in die Show zurück. Ich habe da noch eine Überraschung für den Gastgeber (eigentlich folgt jetzt der zweite Auftritt): „Für Sie eine der höchsten Auszeichnungen der Zauberer zu Germanien für Ihre Mitwirkung auf dieser Bühne ..." Ich zücke einen funkelnden edlen Bilderrahmen, darin die persönliche Urkunde. „... heldenhaft und elfengleich meisterte er jede noch so große magische Prüfung und wird somit in den magischen Kreis der Unglaublichen aufgenommen!" Es folgt ein kurzer Lacher, Übergabe, Shakehands und wiederum zweiter Abschiedsapplaus samt Begeisterung. In neun von zehn Fällen wird die edel gerahmte Urkunde sofort unter den Gästen herumgereicht und bestaunt.

Natürlich ist diese Urkunde mit meinem Namen samt Ort unterzeichnet – und raten Sie mal, was dezent auf der Rückseite dieser Urkunde klebt: na klar, meine Visitenkarte! Jetzt wird diese Gastgeberurkunde zur „Verkaufsmaschine" und die nächsten Shows sind gesichert. Übrigens: Dieses „Zertifikat" wird von fast allen zu Hause aufgehängt und verkauft selbständig weiter ...!

Auszeichnungen, wenn sie gut präsentiert und ebenso passend formuliert sind, binden und begeistern Menschen. Konkret: sie verkaufen. Dieses „Werkzeug" funktioniert richtig eingesetzt auch vom Vereinsvorstand gegenüber den Mitgliedern, vom Chef gegenüber den Mitarbeitern und natürlich vom Verkäufer gegenüber dem Kunden. Vor allem Wiederverkäufer, die ebenfalls Kundenkontakt haben, sind besonders offen für solche Marketinginstrumente und setzen diese wiederum aktiv zur Kundenakquisition ein.

Ein Praxisbeispiel dazu Ein Verkäufer des Weltunternehmens Amway präsentiert seine Produktpalette. Bevor der Kunde überhaupt zum Thema Einwand oder Bedenken kommt, werden ihm „ganz nebenbei" einige Auszeichnungen von Amway präsentiert. Bereits 1989 erhielt Amway den Umweltpreis der Vereinten Nationen – Botschaft: „Keinerlei Tierversuche" (ein sehr gutes, emotionales Verkaufsargument bei Frauen in Sachen Kosmetika). Zudem die Auszeichnung der Deutschen José Carreras Leukämie-Stiftung e.V. (sozialer Aspekt in Kombination mit Kultur – ein weiteres Plus für jede Verkaufsentscheidung) und die Auszeichnung als offizieller Sponsor der FIBA, des internationalen Basketballverbandes (interessant zu wissen, dass Amway „ganz zufällig" auch Vitamine und Nahrungsmittelergänzungen vertreibt) – mit diesen Instrumenten macht Verkaufen doch richtig Spaß ...

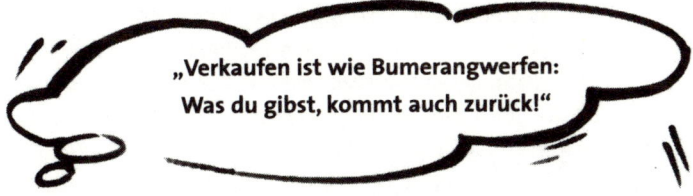

„Verkaufen ist wie Bumerangwerfen:
Was du gibst, kommt auch zurück!"

Sie selbst können Ihre Kunden auszeichnen, weil der Kunde mit dem Erwerb Ihres Produktes/Ihrer Dienstleistung gleichzeitig ...

★ ... zum Erhalt unserer Umwelt beiträgt (z. B. Massivholzmöbelhersteller pflanzt für jeden gefällten Baum nachweislich drei neue – „Mit Ihrer Hilfe sind seit 1995 über 50.000 Hektar gesunder Jungwald entstanden ...")

★ ... sozial Schwächere unterstützt (z. B. Schuhhersteller setzt sich aktiv gegen Kinderarbeit in Drittländern ein – „Dank Ihrer Unterstützung sind bereits zwei Schulen, drei Kindertagesstätten etc. entstanden ...")

★ ... eine Sportart unterstützt, zum Weltfrieden beiträgt, Jugendarbeit fördert, regional das Handwerk und/oder die Landwirtschaft unterstützt usw.

Oder ... weitere Auszeichnungsmöglichkeiten

★ Der Kunde bietet die größte Auswahl für seine Kunden (bezogen auf Ihre Produkte) in ganz Allgäu/Schwaben/Süd- oder Norddeutschland/ Deutschland/Europa etc.

★ Er zählt deutschlandweit zu den Top-Service-Händlern mit bestimmten Kriterien.

★ Diese Firma bietet ihren Kunden besondere Fachkenntnisse durch eine Spezialschulung oder Spezialtechnik.

★ Sein Unternehmen erhält den „Kreativpreis 2002", weil ...

★ und vieles mehr

Wichtig

Eine gut aufgemachte Auszeichnung ist eine emotionale Wertschätzung und Motivation für andere. Zudem sind Auszeichnungen aktive Verkaufsinstrumente und Werbeträger für Ihre Kunden. Dies funktioniert natürlich auch beim Endverbraucher, denn die Frau muss natürlich auch ihrem Mann verkaufen, dass sie sich gerade diesen Massivholzschrank wünscht („... weil er schön ist" reicht heute nicht mehr. Je mehr Argumente sie für diesen Schrank ihrem Mann präsentieren kann, desto eher wird er gekauft. Also wollen wir sie doch unterstützen, denn der Schrank ist aus heimischem Massivholz, ausschließlich mit natürlichen Ölen behandelt und hat obendrein den *„Designpreis 2002" Ihres Unternehmens* gewonnen ... – na, jetzt wird der Schrank doch immer schöner ...).

Okay, das war der erste Schritt. Sie haben sich bereits vom Kunden verabschiedet, sind aber immer noch aktiv, durch Ihre persönliche Auszeichnung bzw. Urkunde in Form

★ .... einer besonderen emotionalen Botschaft mit Lob und Motivationscharakter, die im Unterbewusstsein ankert.

★ .... eines zusätzlichen Verkaufsinstrumentes, das Entscheidungshilfen wiederum für seine Kunden liefert.

★ .... und sie „hängen" langfristig mitten im Blickfeld des Kunden – eine optimale und kostenfreie Werbefläche!

*In meiner Heimat, dem Allgäu, gibt es folgenden Spruch: „Nix gsait isch globat gnua!" (übersetzt: „Nichts gesagt ist genug gelobt"). Fragen Sie sich, ob dieser Brauch vielleicht auch schon bei Ihnen Einzug gehalten hat. Wenn ja, dann wissen Sie sicher was zu tun ist ...

Sollten Sie Abteilungsleiter, Chef oder auch Vorsitzender eines Vereines sein, nutzen Sie die Magie einer Auszeichnung als Motivationsinstrument. Ganze Menschenmassen lassen sich abseits von großen Budgets aufgrund emotionaler Anerkennung bewegen.

Wer dieses Wissen positiv einsetzt, kann damit sehr erfolgreich sein. Wenn ein Chef beispielsweise diese Form der Anerkennung ehrlich und wohl dosiert einsetzt, ist dies für die meisten Mitarbeiter mehr wert als Geld. Belegbar wird diese Aussage durch zahlreiche Mitarbeiterbefragungen in Unternehmen, die ich unter dem Titel: „Mein Job – was ist mir wichtig?" durchführte. Für rund 95 Prozent aller Befragten war „Lob und Anerkennung von meinem Vorgesetzten" stets ein bis zwei Plätze wichtiger als „Entlohnung".*

Ihr Job – welche Ihrer Kunden/Mitarbeiter/Vereinskollegen können Sie konkret mit welchen Botschaften auszeichnen:

_____

_____

_____

_____

Welche Auszeichnungen und Referenzschreiben sind für Sie selbst besonders wichtig und hilfreich? Von welchen Kunden könnten Sie eine aussagekräftige Referenz bekommen? (Refe-

renzen, die von namhaften Kunden oder Persönlichkeiten zu Papier gebracht oder ausgesprochen werden, zählen zu den mächtigsten Verkaufswerkzeugen.)

_____

_____

_____

_____

Natürlich nutze ich selbst auch Referenzschreiben für meine Kundenakquisition. Wie bereits beschrieben, gehören diese auch in Ihre Flipchartpräsentation. Nachstehend zwei Beispiele von mir, bei denen ich meinen Kunden **bewusst einen Groß- und einen Kleinbetrieb** anbiete.

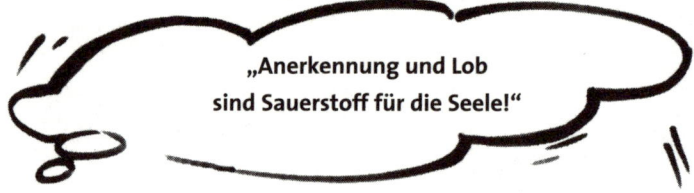

„Anerkennung und Lob sind Sauerstoff für die Seele!"

Zauberei als „mentaler Anker" Ziel aller Verkäufer und damit auch aller Zauberer ist es, im Gedächtnis unserer Mitmenschen zu bleiben, obwohl der Kunde vielleicht schon wieder auf dem Weg nach Hause ist. Als Zauberer habe ich hier natürlich ein breiteres Spektrum. Zum Beispiel leihe ich mir beim Kunden eine Münze, lasse diese auf ihre Echtheit überprüfen und gebe sie dem Kunden in seine Hand, mit der Bitte diese fest zu drücken. Er öffnet seine Hand und die Münze ist völlig verbogen. Solange er diese Münze in seiner Geldbörse mit sich trägt oder zu Hause auf seinen Küchenschrank legt, glauben Sie mir, solange wird er sich an mich erinnern! Genau dies ist auch eines der Ziele der beschriebenen Kunststücke in diesem Buch bzw. in der Zauberbox.

RELIUS COATINGS GMBH & CO. · Postfach 25 61 · 26015 Oldenburg

marketing é motion
Herrn Oliver Alexander Kellner
Wilhelmshöhe 13

87463 Probstried

RELIUS COATINGS GMBH & CO.
D-26123 Oldenburg · Donnerschweer Straße 372
Tel.: (04 41) 34 02-0 · Fax: (04 41) 34 02-350
D-87700 Memmingen · Heimertinger Straße 10
D-87681 Memmingen · Postfach 11 61
Tel.: (0 83 31) 103-0 · Fax: (0 83 31) 103-277

USt-IdNr.: DE 117477125

Bankverbindung:
Bremer Landesbank, 26122 Oldenburg
BLZ 290 500 00, Kto.-Nr. 300 5990 008
Sparkasse Memmingen, 87700 Memmingen
BLZ 731 500 00, Kto.-Nr. 0 430 110 395

Es schreibt Ihnen:

Abteilung Logistik
H. Helmut Müller

Datum:

Telefon:

Telefax:

Weitere erfolgreiche Zusammenarbeit mit Relius Coatings

Sehr geehrter Herr Kellner,

vielen Dank für unsere erfolgreichen Trainingstage in unseren Stammhäusern in Oldenburg und Memmingen.

Sowohl in Nord- als auch in Süddeutschland äußerten sich unsere Service-Center-Leiter begeistert über die durchgeführten Verkaufsschulungen.

Deshalb möchten wir Sie heute mit der Erstellung eines Schulungskonzeptes für diese Führungskräfte über zwei Jahre beauftragen.

Wir freuen uns auf eine weiterhin erfolgreiche Zusammenarbeit.

Mit freundlichen Grüßen

RELIUS COATINGS GMBH & CO.

i.   V.

Helmut Müller

http://www.relius-coatings.de   mail@relius-coatings.de

Gemeinsam Zukunft bauen   **skw.**mbt

Sitz Oldenburg (Oldb). Eingetragen zu HRA 92 des Amtsgerichts Oldenburg (Oldb). Alleinige persönlich haftende und geschäftsführende Gesellschafterin:
RELIUS COATINGS Beteiligungs GmbH, Oldenburg (Oldb), eingetragen zu HRB 2899 des Amtsgerichts Oldenburg (Oldb)
Geschäftsführer: Wilhelm Heinzelmann, Geerd Jansen.

Empfehlungsschreiben degussa/Relius Coatings

"Ihr" Meisterbetrieb
für fachgerechten Innenausbau
Bau- und Möbelschreinerei

SCHMÖGER
HOLZBEARBEITUNG

Hauptstraße 17 · 87466 Oy/Mittelberg

An
marketing é motion
z. Hd. Herrn Oliver Kellner

An der Wilhelmshöhe 13

87463 Probstried

Lieber Herr Kellner,

ich möchte mich auf diesem Weg noch einmal für Ihre Schulung mit meinen
Mitarbeitern bedanken.

Der Nutzen für die Firma ist richtig „greifbar" geworden –

-   Tolle Ideen wurden geschaffen und auch umgesetzt
-   Der Umgang der Mitarbeiter untereinander ist einfach sehr gut
-   Man redet über die „gemeinsame" Firma
-   „Offenheit" ist zur Selbstverständlichkeit geworden
-   usw.... so könnte man noch sehr viele Dinge angeben....
-   ganz nebenbei, können wir in einer für Schreinereien sicher schwierigen
    Zeit, auf unser erfolgreichstes Firmenjahr seit Gründung zurückblicken

Auch Ihre Begleitung vor und nach der Schulung war für mich als Firmenchef eine
absolute Bereicherung.

-   weiter so –

Ich wünsche Ihnen hiermit noch viele Firmen, die in den Genuß Ihrer Schulung kommen
dürfen und verbleibe

Mit freundlichen Grüßen

(Hubert Schmöger)

Holz ist Natur

E-Mail: info@schmoeger-holzbearbeitung.de
Internet: www.schmoeger-holzbearbeitung.de

Empfehlungsschreiben Schmöger Holzbearbeitung

100   Sim Sala Win!

Einige gute Praxisbeispiele wiederum aus dem Verkäuferleben

★ Der Versicherungsvertreter hat erfahren, dass die Familie, die er besucht, einen Sohn im Alter von 5 Jahren hat. Was bringt er dem Kleinen mit? Ein kleines blaues Rennauto. Das bleibt *richtig präsentiert* äußerst positiv im Bewusstsein. Wenn Sie dieses dem Kind mit den Worten „Hier, ein Allianz-Auto vom Onkel" einfach nur in die Hand drücken, lassen Sie es lieber. Wie wäre es mit folgendem Einstieg vor der Familie? „Vielen Dank, dass Sie mich heute zu sich eingeladen haben. Es geht ja jetzt um das Thema Sicherheit ... apropos Sicherheit – ich war mir ziemlich *sicher*, dass du, kleiner Thomas, dich über ein *rosa* Rennauto freuen würdest, stimmt das?" Simsalabim, Sie zeigen ihm stolz das *blaue* Rennauto. Der Junge reklamiert: „He, das ist doch gar nicht rosa, sondern blau!" Sie: „Wow, du hast Recht – bist schon ganz schön clever für dein Alter, bist du schon verheiratet?" (kleiner Schmunzler der Eltern). Eigentlich haben Sie jetzt schon verkauft, denn so baut eine echte Entertainment-Persönlichkeit ihre Show auf. Ganz nebenbei ist das Kind jetzt mit dem Auto beschäftigt und sowohl Sie als auch die Eltern können etwas entspannter zum geschäftlichen Teil übergehen.

★ ... und das Ganze ohne Kind: Der Versicherungsvertreter bringt für die Frau des Hauses einen kleinen Teestrauß mit. Ein emotionaler Spagat zwischen Blumen und Teegenuss. Auch diese Botschaft bleibt, wenn richtig präsentiert.

★ Der Hausverkäufer mit dem Baustoff „Liapor" bringt einen Miniaturbaustein aus diesem Material mit. „Fühlen Sie doch mal, wie warm sich dieser Baustoff anfühlt ..." Ein solcher Stein stand übrigens bei mir zu Hause drei Wochen auf dem Wohnzimmerschrank im Blickfeld. Im Nachhinein betrachtet, sind wir pro Tag sicher 8 bis 10 Mal an diesem Stein vorbeigelaufen, d.h., rund 200-mal hat uns dieser Stein an den Verkäufer unbewusst erinnert ... bis wir uns für eben diesen Baustoff entschieden haben.

★ Oder: Lassen Sie doch Ihre „eigene", besondere Bonbonsorte produzieren. In einer kleinen, edlen Metalldose immer noch preiswert und doch etwas Einzigartiges. Sie werden sehen,

im Laufe der Zeit wird zum Beispiel Ihr Minzbonbon zum Markenzeichen. Nicht selten bekommen Sie sogar innerhalb der Kundenfamilie einen Spitznamen, wie etwa „Der ‚Minzi' kommt heute Abend". Na und – ab sofort sind Sie im Gedächtnis! In jedem Supermarkt mit Minzbonbons und in jedem Fernsehspot von Fisherman's Friends werden sich die Kunden an Sie erinnern.

Denken Sie doch einfach mal intensiv über Ihr Produkt nach. Was lässt sich kreativ daraus als „Give-away" machen? Und antworten Sie bitte nicht, dass Sie Grabkreuze aus Bronze verkaufen und sich daraus nichts machen ließe. Dann recherchieren Sie eben einfach in einem Geschichtsbuch, was man der Bronze zur Keltenzeit in Ihrer Region nachsagte. Lassen Sie diese Botschaft emotional verpackt Ihren Kunden zukommen. Zum Beispiel: „Bereits zur Keltenzeit glaubten die Menschen im Allgäu an die Macht im Glanze der Bronze. Die Bronze war damals schon ein Symbol des geistigen Reichtums und der Zufriedenheit. Der Brauch etwas Bronzeglanz zu geben und dafür etwas zu bekommen, war fester Lebensbestandteil der Kelten. Diese historische Tradition haben wir in unserer Firma wieder aufleben lassen und geben unseren Kunden vorher stets diesen kleinen Bronzeglücksbringer, bevor sie uns als Gegenleistung ihr Vertrauen anbieten. Wir freuen uns, dass Sie den Weg in unser Haus gefunden haben ..." Klar, diese Einleitung ist noch etwas lang und noch nicht richtig rund. Aber an diesem Beispiel wird deutlich, dass ein Gramm Kreativität oft mehr wiegt als ein Kilogramm Masse.

Ihr Job – was konkret können Sie Ihren Kunden für „Give-aways" bieten, die Sie von anderen unterscheiden? Denken Sie zuerst an Kreativideen in Kombination mit Ihrem Produkt/Ihrer Dienstleistung und erst dann an andere Dinge:

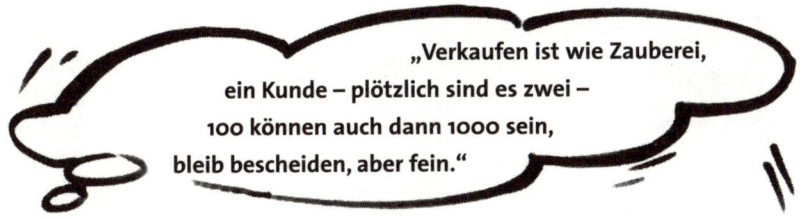

„Verkaufen ist wie Zauberei,
ein Kunde – plötzlich sind es zwei –
100 können auch dann 1000 sein,
bleib bescheiden, aber fein."

Zauberbox-Kunststück:
Wir hängen an unseren Kunden

Hier erhalten Sie ein weiteres Werkzeug, das insbesondere in Sachen Messeverkauf äußerst erfolgreich ist. Es handelt sich dabei um einen Bleistift mit einer Schlinge am Ende, den Sie zum Beispiel in das Knopfloch des Sakkos Ihres Gastes einfädeln.

Das Interessante daran: Ohne Ihre Hilfe bekommt er den Bleistift nicht wieder aus dem Sakko und auch die anderen Messebesucher werden ihr Glück vergeblich an seinem Sakko versuchen. Es ist einfach unglaublich, wo doch alle genau zugesehen haben und nichts Verdächtiges passiert ist!

Das erlebt der Zuschauer Nichts anderes als soeben beschrieben wurde. Interessant ist gerade beim Messeverkauf, dass Sie einerseits ein Instrument haben Kunden aktiv anzusprechen, andererseits die Kunden in kleinen Trauben bei Ihnen stehen bleiben. Die Krönung ist natürlich, dass die Kunden, die erst eher eilig weiterziehen, später wiederkommen um befreit zu werden und ihre Neugier zu befriedigen. Für Männer ist es übrigens stets recht angenehm, dass sie jetzt auch zum Mittelpunkt im Kreise der Damen werden und eine nach der anderen das Glück an seinem Sakko versucht.

In der Zauberszene gibt es diese Version vor allem als Zauberstab mit Schnur. Im Business finde ich einen einfachen Bleistift passender und nutzvoller. Diesen so genannten „Teufelsbleistift" können Sie sich übrigens auch als Give-away bei bestimmten Herstellern mit Ihrem Firmennamen bedrucken lassen. Selbst die Bleistiftkordel könnte Ihre Firmenfarben haben (Lieferadresse finden Sie im Anhang).

Selber basteln:

Nehmen Sie einen neuen Bleistift von etwa 17 cm Länge und eine Kordel von etwa 30 cm Länge. Bohren Sie am Ende des Bleistiftes ein kleines Loch und kleben Sie dort die beiden Kordelenden als Schlaufe fest ein. Das Loch sollte schon etwa 6 bis 12 Millimeter Tiefe haben, da Sie auch mit verzweifelten Mitspielern rechnen müssen, die stark daran ziehen.

Der Trick dabei Da die Schlaufe zu kurz ist, um sie über den Bleistift zu ziehen, nutzen Sie das Kleidungsstück als Verlängerung. Die Handhabung entnehmen Sie dazu am besten der Bildfolge.

①

Ausgangssituation zum Einfädeln. Die Schlinge liegt über den Fingern.

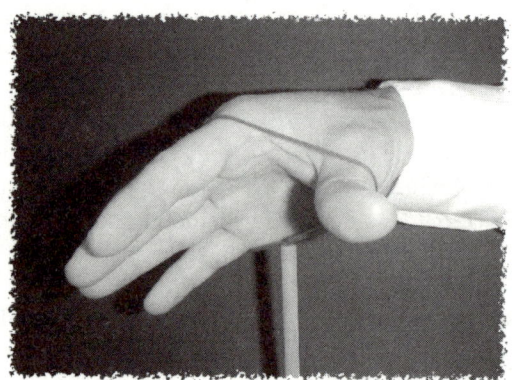

②

Sie greifen durch die Schlinge hindurch das Kopfloch des Sakkos ...

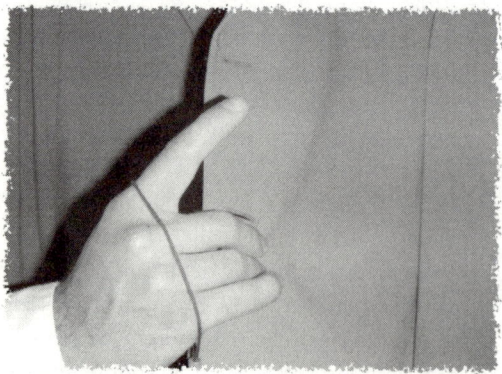

③
... und ziehen dieses Sakkostück mit dem Knopfloch durch die Schlinge.

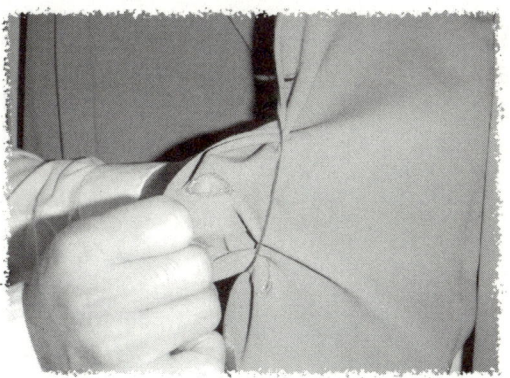

④
Dies verlängert den Weg und Sie können jetzt den Bleistift durch das Knopfloch hindurchstecken und die Schlinge anziehen.

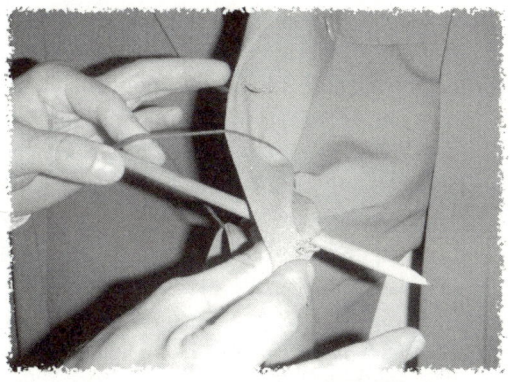

⑤
Das Ausfädeln des Stiftes funktioniert in umgekehrter Reihenfolge. Zuerst Schlinge am Ende lockern und weiten. Die Schlinge so weit öffnen, dass Sie mit allen Fingern durchgreifen können.

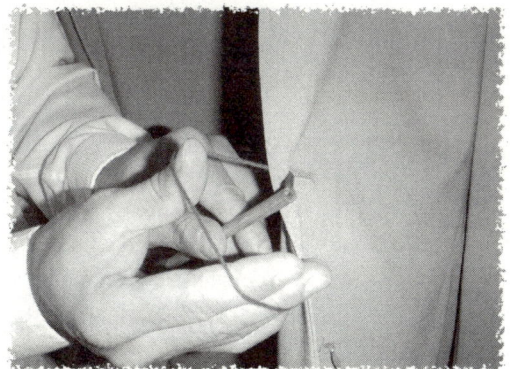

**Jetzt das Knopf-
loch mit einem
Stück Sakko als
Verlängerung
durch die Schlin-
ge ziehen und
Stift befreien.**

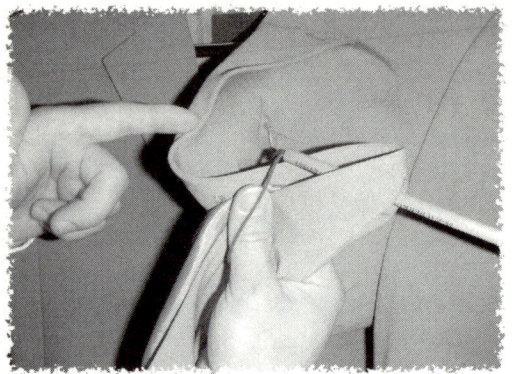

Dieses Befreien mag auf den ersten Blick sehr einfach aussehen, doch lassen Sie das mal Ihre Kunden probieren! Beim
Einfädeln denken die Meisten: „Was soll das? Hält der mich für
naiv? Ich werde doch eine Schlaufe über einen Bleistift ziehen
können!" Erst wenn Ihr Gegenüber Hand anlegt und bemerkt,
dass die Schlaufe zu kurz ist, um sie einfach überzuziehen, ver-
ändern seine Gesichtszüge in ein freundliches und kniffliges
Schmunzeln. Bitte treiben Sie niemanden damit in Verzweiflung. Irgendwann ist der Punkt da, an dem Sie einschreiten
und das Ganze positiv auflösen sollten ...

Achtung! Wenn Sie diese Idee als Gewinnspiel einsetzen („Wer den Bleistift aus dem Sakko befreien kann, gewinnt ...") müssen Sie sich
darauf gefasst machen, dass es auch einzelne Kandidaten
schaffen könnten. Es gibt hartnäckige Tüftler, die so lange probieren bis sie es tatsächlich lösen (manchmal wissen sie hinterher nicht mal wie).

Schlüsselbegriffe:
★ eng mit Kunden verbunden
★ Kunden hängen an unseren Produkten
★ es gibt Dinge, die kann man kaum erklären/erleben
★ manches sieht einfacher aus, als es ist
★ wer den Bleistift aus dem Sakko befreien kann, gewinnt ...

Kapitel 4

Erfolgsfaktor „Humor" im Business

Alles zur rechten Zeit

Eine feinfühlige Art von Humor zu leben, zählt zu den entscheidenden Fähigkeiten einer echten Entertainment-Persönlichkeit. Zugegebenermaßen braucht dies echtes Fingerspitzengefühl und nicht selten wird beispielsweise ein Witz zum Bumerang, weil weder der Zeitpunkt noch das Niveau der Botschaft passend waren.

„Wo man singt, da lass' dich nieder!", so der Volksmund. Eine unbewusste Weisheit, die den fröhlichen Menschen eine ehrliche und freundliche Ader zuspricht. Diese latente Botschaft kommt natürlich auch den Menschen zugute, die öffentlich zu ihrem Humor stehen. Eine chinesische Weisheit sagt zudem: „Wer nicht lächeln kann, sollte kein Geschäft eröffnen!" Eine historische und länderübergreifende Businessbotschaft, die bis heute Gültigkeit hat. Auch die Aussage „Lachen ist gesund" steht nicht mehr nur als Floskel im Raum, sondern wird inzwischen auch in Therapiebereichen bewusst eingesetzt. Zusammengefasst ist der „lachende Mensch" im Grunde seines Herzens offen, im Business oft erfolgreich und tut obendrein noch etwas für seine Gesundheit. Für eine echte Entertainment-Persönlichkeit gilt es somit über den bloßen Witz hinaus Humor zu leben.

Den Höhepunkt dieser „Humor-Meisterschaft" erreichen Sie, wenn Sie auch über sich selbst schmunzeln können. Diese unglaubliche Fähigkeit, professionell eingesetzt, macht Sie in der Öffentlichkeit nicht nur äußerst beliebt, sondern auch nahezu unverwundbar.

Wenn wir ehrlich sind, können wir offen eingestehen: Kein Leben ist frei von Peinlichkeiten und Fehlern. Erfolgreiche Menschen sind deshalb so erfolgreich, weil sie sich öfter aus ihrer Komfortzone gewagt haben und damit auch mehr Fehler als andere gemacht haben.

Stellen Sie sich zudem vor, Sie könnten künftig nicht nur über gewisse Situationen schmunzeln, sondern sich auch über Ihre eigenen Fehler konstruktiv amüsieren. Der erste Schritt dazu ist eigene Fehler erst einmal offen zugeben zu können. Dies löst dann automatisch aus:

★ dass Sie nichts mehr verschleiern müssen

★ dass Sie keine Angst haben müssen, enttarnt zu werden

★ dass Sie sich nicht dauernd rechtfertigen müssen

★ dass Sie Zeit sparen – rechtfertigen, verschleiern etc. kostet Zeit und Energie

★ dass Sie kein schlechtes Gewissen haben müssen

★ dass Sie Ihrem Umfeld eine offene Fehlerkultur vorleben

★ dass Sie damit Mitarbeitern, Kollegen zum ganzheitlichen Vorbild werden

★ dass Sie jetzt genau wissen, wie es nicht geht

★ dass Sie Ihren Kopf dann frei haben für darauf aufbauende Ideen

★ und vieles mehr!

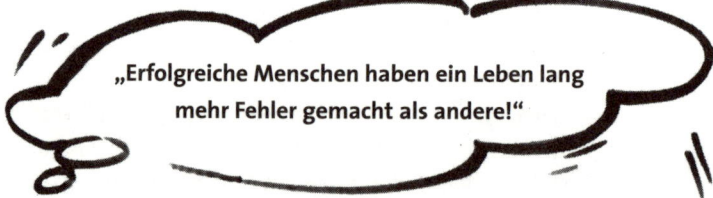

„Erfolgreiche Menschen haben ein Leben lang mehr Fehler gemacht als andere!"

Edison, der Erfinder der Glühbirne, soll nach unzähligen Fehlversuchen einmal gesagt haben: „Jetzt kenne ich wenigstens schon nahezu 1000 Wege, wie man eine Glühbirne nicht baut." Der Erfolg „musste" folglich irgendwann eintreten.

Konkret: Stehen Sie offen zu Ihren Fehlern.
Fragen Sie sich konstruktiv: Was will mir dieser Fehler sagen? Nehmen Sie den Fehler mit Humor und „verkaufen" Sie ihn als Entertainmentfaktor

Wenn Sie diese drei Regeln wirklich beherzigen wollen, dann beginnen Sie am besten jetzt gleich mit dieser Aufgabe. Ja, ich gebe es zu, in den vergangenen Wochen sind mir mindestens folgende drei Fehler unterlaufen:

1. _____

2. _____

3. _____

Was wollen mir diese Fehler sagen?
Bzw. besteht hier in irgendeiner Weise Handlungsbedarf? (Entschuldigung fällig, neue Richtung angehen, zusätzliches Wissen aneignen etc.)

_____

_____

_____

Ein Missgeschick-
Beispiel
Stellen Sie sich vor, Sie präsentieren vor einem größeren Kundenkreis. Plötzlich rutscht Ihnen ein Päckchen von etwa zehn Overheadfolien auf den Boden. In der Zauberei gibt es ein ungeschriebenes Gesetz: Bewegung bindet Aufmerksamkeit. Das heißt, egal ob Sie dieses Missgeschick als Fehler Ihrerseits zugeben oder nicht, meistens haben es alle gesehen. Jetzt gibt es natürlich mehrere Möglichkeiten zu reagieren. Sie können es als peinlich ansehen, versuchen die Situation unter den Tisch fallen zu lassen (was ja in der Tat schon passiert ist!) und ohne Worte, dafür mit errötetem Haupt die Folien einsammeln. Andere wiederum lassen aufsammeln, dann kommt der Assistent oder die Sekretärin gestürmt. Die Kreativität ist hier einfach unglaublich und reicht bis zum misslichen „Schuh-Schups" der Folien unter den Vortragstisch. Leider gehen nur wenige offen und somit professionell mit einer solchen Situation um. Wer dies dennoch schafft, hat vermutlich:

★ ein entsprechendes Selbstwertgefühl,
★ schon mehr Fehler gemacht als andere und daraus gelernt,

★ seine eigene Fehlerkultur mit als Verkaufsinstrument erkannt,
★ und/oder eventuell schon dieses Buch gelesen und Entsprechendes umgesetzt!

Mit einem Schmunzeln „verkaufen"

Wie könnte man denn besser auf eine solche Situation reagieren? Ganz einfach mit Humor! Hier ein konkretes Beispiel zu den fallenden Overheadfolien: „Es ist immer wieder verblüffend, kaum fällt einem was runter, schon liegt es am Boden. Sie schmunzeln, meine Damen und Herren, aber auf diese Art und Weise wurde das Gesetz der Schwerkraft entdeckt und heute sitzen wir umgeben von Hightech in der Businessclass von Überschallflugzeugen. Ich frage mich: Was will uns dieser Foliensturz unter Umständen sagen ..." Jetzt können Sie mit einem eleganten Schwung zurück zu genau Ihrem Thema. Die Themen Fallen (Gedanken fallen lassen), Schwerkraft (sich von anderen abheben), Hightech (das steckt heute schon in fast jedem Produkt) lassen hier zahlreiche spannende Assoziationen zu, um zum Thema professionell zurückzukehren. Beim Aufheben der Folien bitte nicht gleich darauf stürzen, sondern erst beim Publikum Ihre humorvolle Botschaft wirken lassen. Sollte Ihnen jemand zum Einsammeln zu Hilfe eilen, stets sich selbst zumindest daran beteiligen, bitte nicht denjenigen ganz alleine arbeiten lassen, auch wenn es der Lehrling ist! Dass Sie sich bei dieser Person auch kurz bedanken, dürfte selbstverständlich sein.

Wenn geringere Dinge passieren, dann sollten Sie natürlich entsprechend knapper reagieren und einer besonders kleinen Sache wiederum nicht zu großes Gewicht geben.

Hier ein paar weitere humorvolle Aussagen für verschieden große und kleine Unfälle. Diese kommen teilweise direkt aus der Zauberkunst. Daran können Sie erkennen, wie viele Fehler ich selbst schon gemacht habe:

★ Das gehört alles dazu, meine Damen und Herren, diesen Teil des Vortrages habe ich nur noch nicht geübt.
★ Jetzt bin ich selber gespannt, wie ich mich aus dieser Situation rette!
★ Wenn Sie vielleicht an dieser Stelle noch einmal über meine

letzte These nachdenken könnten, dann kann ich hier in der Zwischenzeit diesen Fehler unter den Tisch fallen lassen ...

★ Ich habe das schon tausend Mal gemacht. Heute war ich mir so sicher, dass es klappen könnte.

★ Von meiner Seite hier oben sieht es überhaupt nicht so schlimm aus!

Zwei Ideen zu Laptop-Problemen bei der Präsentation

★ Habe einen Beamtenvirus drauf. Sitzt auf der Festplatte. Tut aber normalerweise nichts. (*Vorsicht geboten*, achten Sie darauf, vor wem Sie referieren ...!)

★ Meine Frau hat gesagt, so ein Computer nimmt mir die halbe Arbeit ab. Ich hab mir dann gleich zwei gekauft. Scheinbar ist manchmal doch mehr drin, als man denkt ...

Fehleraussagen:

Ja, ich begegne meinen Fehlern künftig mit etwas Humor. Hier meine eigene Formulierungsidee, die zu meiner Branche passt oder eine der Anregungen aus diesem Buch – das werde ich nutzen:

_____

_____

_____

_____

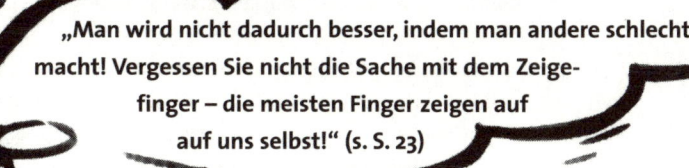

„Man wird nicht dadurch besser, indem man andere schlecht macht! Vergessen Sie nicht die Sache mit dem Zeigefinger – die meisten Finger zeigen auf auf uns selbst!" (s. S. 23)

**Die Namenswette
mit Schmunzelfaktor**

Sie merken, ich möchte Sie nicht nur in Bezug auf Fehler, sondern auch ganzheitlich für eine „Schmunzelkultur" begeistern. Wenn Sie dieses Buch gekauft haben, gehe ich davon aus, dass es Ihnen weder an Nahrung oder Kleidung mangelt, dass gerade nicht auf Sie geschossen wird und Sie sich frei entschließen konnten, das Buch zu lesen, das Sie gerade in der Hand halten. Bei weitem Privilegien, die nicht allen zukommen und die wir auch mit etwas Freude ehren dürfen. Eine Botschaft an Sie in diesem Zusammenhang ist auch die verkleinerte Plakatdarstellung „Wasser zaubern" am Ende des Buches.

Doch jetzt zurück zu diesem Schmunzelkunststück, das sich übrigens besonders gut als Eisbrecher für die erste Kommunikation mit fremden Menschen eignet.

Zur Darbietung

Stellen Sie sich vor, eine für Sie bisher unbekannte Person kommt auf Sie zu und Sie beginnen mit etwas Smalltalk über das Wetter usw. Irgendwann behaupten Sie, dass Ihr gemeinsames Zusammentreffen kein Zufall sei, sondern Bestimmung. „Sie zweifeln ein wenig; Sie glauben nicht, dass es wirklich so etwas wie Bestimmung gibt? Okay, wäre es nicht unglaublich, wenn es dennoch so wäre und als Beweis dafür auf der Rückseite meiner Visitenkarte IHR NAME stehen würde?"

Ihr Gegenüber wird dies natürlich nicht glauben. Überreichen Sie Ihrem neuen Netzwerkpartner Ihre Visitenkarte. Dieser dreht die Karte um und Sie erleben ein emotionales Gesichtstraining von anfänglichem Misstrauen über wachsende Neugier bis schließlich einem freundlichen Schmunzeln, da auf der Rückseite ja wirklich „Ihr Name" steht.

Was Sie brauchen

Ihre Visitenkarte. Auf der Rückseite beschriften Sie diese mit den beiden Worten „IHR NAME". Natürlich können Sie auch andere Gegenstände, die Sie bei sich tragen, mit diesen Worten beschriften. Ich favorisiere jedoch die Idee mit der Visitenkarte, da Ihr Kommunikationspartner so gleichzeitig und unaufdringlich Ihre Karte bekommt.

Schluss-kommunikation Natürlich sollten Sie diese Idee nur einsetzen, wenn das Gespräch in einer lockeren Atmosphäre und auf einer guten Beziehungsebene stattfindet. Wichtig ist es auch diesen Eisbrecher mit einigen Schlussworten abzurunden, wie beispielsweise: „Sie haben natürlich Recht, Ihren Namen kenne ich noch nicht, aber ich denke, dass dies eine nette Gelegenheit ist, mich kurz vorzustellen, meine Karte haben Sie ja schon. Mein Name ist ...“ So lernen Sie Ihr Gegenüber nun doch näher kennen und eines ist Ihnen sicher: Diese andere Art des Kennenlernens haftet noch lange Zeit im Unterbewusstsein des anderen.

Schlüsselbegriffe:
★ „Namenswette“ auf Messe
★ Visitenkartenübergabe
★ Give-aways (wie Kugelschreiber) mit diesem Gag
★ Quizfrage
★ Einleitung für eine echte Vorhersage anschließend ...

Humorvolle Eröffnungen für die Business-Party

Der Wortlaut „Humorvolle Eröffnungen für die Business-Party“ ist bewusst so gewählt, da die nachstehenden Ideen für berufliche Anlässe entsprechendes Fingerspitzengefühl voraussetzen.

Das heißt: **Wenn Sie Ihrem Publikum Ihr Menü servieren, kann dies gerne mit Humor gewürzt sein, der Hauptgang besteht jedoch aus Kompetenz!**

Doch jetzt die humorvollen Eröffnungsideen Ihrer „etwas anderen“ Rede:

★ Ich halte nun für Sie eine ganz besondere Rede. Eigentlich ist sie nur für meine engsten Freunde reserviert. Doch da ich seit meiner letzten Rede keine Freunde mehr habe, werde ich sie jetzt Ihnen vortragen.

★ Ich freue mich, dass ich so viele Gläubige im Publikum habe. Als ich vorher hier auf das Parkett kam, habe ich schon einige sagen hören: „Oh Gott, noch eine Rede.“

★ Als Geschäftsmann erfreue ich mich besonderer Beliebtheit.

Ich habe praktisch nur Freunde und keine Feinde. Okay, einige meiner Freunde können mich absolut nicht ausstehen, dennoch ...

Weitere Ideen am Rande

★ Ich habe festgestellt: Je intelligenter das Publikum, desto stärker ist der Applaus.

★ Ein Freund fragt mich neulich: „Bist du abergläubisch?" Ich sage: „Nein." Er darauf: „Gut, dann kannst du mir ja 13.000 Euro leihen."

★ Sympathische Menschen applaudieren immer an der Stelle, aber das können Sie nicht wissen. (... meist kommt erst Lachen, gefolgt von Applaus)

★ Da wir gerade beim Thema Geld sind, hier noch ein kleiner Steuertipp von mir: „Wer weniger angibt, hat mehr vom Leben!"

Folgende Formulierung rund um die Businessparty, denke ich, passt zu mir. Dies wird mein Publikum bei Gelegenheit von mir zu hören bekommen:

_____

_____

_____

Tipp gegen Lampenfieber

Eine der besten Möglichkeiten übrigens, um die eigene Aufregung beim Vortrag unter Kontrolle zu kriegen ist: auftreten, auftreten, auftreten. Tun Sie das, vor dem Sie unbewusst Angst haben, immer wieder! Meine ersten Zaubervorstellungen waren derart von Händezittern geprägt, dass ich froh bin, davon keine Videoaufzeichnungen zu besitzen. Nutzen Sie Ihren Verein, Ihre private Feier und andere Möglichkeiten zum Training, um Ihr Auftreten vor anderen Menschen zu optimieren.

„Hat Sie nachts schon einmal eine Mücke mit ihrem hohen Summton geärgert oder besser gesagt: gefoltert? Ja? Sind Sie dagegen schon mal von einem Elefanten getreten worden? Nein? – Sehen Sie ... meist sind es die kleinen Dinge des Lebens, die uns aus der Haut fahren lassen – mit etwas Humor geht's einfach besser!"

Storys, Wandersagen und Wahrheiten

Gerade bei der Eröffnung einer Präsentation, eines Vortrages oder Seminars bietet sich ein humorvoller Einstieg an. In meiner Praxis habe ich jedoch festgestellt, dass es besonders wichtig ist, nach einem humorvollen Einstieg *gleich anschließend Kompetenz zu zeigen*. Sollten Sie hier nicht die Kurve kriegen, bleibt das Bild eines einfachen Spaßvogels und Ihre Botschaft wird unter Umständen nicht ernst genommen. Der Spannungsbogen gleicht dem eines guten Theaterstückes bzw. einer gelungenen Zaubershow:

★ gerne können Sie mit Humor einsteigen,
★ sofort danach Ihre zweitwichtigste Botschaft (ein kommunikativer, visueller und/oder auditiver Hammer als Botschafter Ihrer Kompetenz!),
★ dann Spannungsbogen stets langsam ansteigen lassen bis zum Schluss Ihres Auftretens,
★ die wichtigste Botschaft schließlich zum Schluss.

Wichtig ist zudem, dass Sie Mut zum Weglassen haben. Kein Mensch weiß, was Sie genau mitteilen wollten. Dies bedeutet, auch einmal einen Punkt außen vor zu lassen, wenn es dem Gesamtentertainment dient.
Eine Komplettabhandlung, sofern es diese überhaupt gibt, ist oft eine langweilige Darbietung. Entwickeln Sie ein Gespür dafür, dass weniger meistens mehr ist.

Halten Sie sich zudem durchgängig an die „3 Ks":
- ★ **Kurz (in der Kürze liegt die Würze)**
- ★ **Kreativ (lassen Sie sich „AAG" was einfallen)**
- ★ **Konkret (reden Sie nicht zu lange um den heißen Brei herum)**

Noch einmal zur Erinnerung

Eine gute Show ist dann zu Ende, wenn Ihre Zuschauer noch mehr von Ihnen sehen bzw. hören wollen – genau das ist der Höhepunkt und dies sollte nahezu das Ende Ihrer Präsentation sein!

Mit Humor einsteigen heißt in den meisten Fällen mit einer netten Anekdote (übersetzt: eine knappe, pointierte Geschichte) oder mit einer persönlich erlebten Begebenheit zu beginnen. In selteneren Fällen ist es der herkömmliche Witz. Grundsätzlich ist der hohe Wert des Geschichtenerzählens auch wissenschaftlich in der volkskundlichen Erzählforschung belegt. Im Geschichtenerzählen gibt der Vortragende etwas über seine Persönlichkeit preis und präsentiert nicht selten mit einem Schmunzeln besondere Situationen und/oder subjektive Wahrheiten. Den Ausspruch, dass das Leben noch immer die besten Geschichten schreibe, bestätigen meine Erlebnisse. Beobachten Sie täglich Ihr eigenes Dasein. So verrückt wie es klingt, hier finden Sie die besten Storys. Eine persönlich erlebte Situation wirkt zudem meist viel authentischer als eine „Der-Freund-vom-Freund-hat-erlebt-Story".

Allround-Methapher für zahlreiche Eröffnungen♠

Ein Teppichfachberater sitzt in seinem Geschäft und die Kunden fehlen.

Er betet zum Herrn: „Herr, gib' mir doch bitte nur einmal in meinem Leben eine Chance und lass' mich im Lotto gewinnen."

Nach einer Woche betet er immer noch: „Herr, gib' mir doch bitte nur einmal in meinem Leben eine Chance und lass' mich im Lotto gewinnen."

Auch nach drei Monaten betet er: „Herr, gib' mir doch bitte nur einmal in meinem Leben eine Chance und lass' mich im Lotto gewinnen."

♠ „Metapher" heißt übersetzt: übertragener, bildlicher Ausdruck.

Dann plötzlich erklingt die Stimme des Herrn: „Gib' mir doch du endlich eine Chance und kauf' dir endlich einen Lottoschein!"

Gleich anschließend von Ihnen: „Ich freue mich, meine Damen und Herren, dass Sie heute in Ihren Lottoschein investiert haben und jetzt mehr zum Thema x/y erfahren möchten ...“

Eigene Branchenstory Ich nutze diese Story stets branchenbezogen. Das heißt bei der Vorwerk AG ist es der Teppichfachberater, bei einem Farbenkonzern ist er Malermeister und bei der Schreinerinnung eben der Schreinermeister usw. Dadurch hat jeder für sich schon zu Beginn eine eigene Branchenstory. Zum Schluss setze ich bei „... dass Sie heute in Ihren Lottoschein investiert haben und jetzt mehr zum Thema x/y erfahren möchten!“ das Vortragsthema ein und habe somit einen individuellen Einstieg mit entsprechendem Sympathiegewinn. Ich kann Sie nur dazu einladen, die Wirkung einmal selbst auszuprobieren.

Hier noch ein Beispiel zum Thema „das Leben schreibt die besten Geschichten“. Mein Junior Lukas, damals viereinhalb Jahre alt, beim Abendgebet in seinem Bett. Sein Wortlaut: „Lieber Gott, ich danke dir so ..., dass du auch einen McDonalds gemacht hast!“ Eine tolle Begebenheit, wie sie eben nur das Leben schreiben kann.

Natürlich war dies dann meine Botschaft für eine Führungskraft von McDonalds, mit der ich gerade in Kontakt stand. Was psychologisch alles hinter diesem Satz steckt, würde hier sicher den Rahmen sprengen. Doch allein die Freude, die es bei der McDonalds-Führungskraft ausgelöst hat, spricht für sich. Suchen und sammeln Sie die Geschichten Ihres Lebens. Das Tolle daran: Die meisten werden nicht alt. So kann ich beispielsweise diese Story von meinem Sohn in 20 Jahren immer noch erzählen – es sei denn natürlich, der Mc-Stern am Himmel würde irgendwann erlöschen!

 Eine gute Story ist mein Kapital! Folgende Begebenheiten habe ich selbst erlebt und kann ich im übertragenen Sinne für meine Präsentation nutzen (in Stichpunkten):

_____

_____

_____

Moderne Wandersagen Gute Geschichten sind meist äußerst unterhaltsam, jedoch nicht immer wahr. Seien Sie vorsichtig mit dem Wahrheitsgehalt von Storys, die in etwa so beginnen: „Ich habe die Geschichte von einem Freund gehört, dessen Freund sie wirklich erlebt hat." Wenn Sie selbst eine solche Geschichte präsentieren wollen, dann bitte im übertragenen Sinne in Form einer Metapher. Diese Storys vom Freund, der wieder einen kennt, sind meist unter dem Thema „Moderne Wandersagen" einzuordnen. Dies ist keineswegs negativ wertend gemeint, doch wenn Sie diese als persönliches Erlebnis verkaufen, könnten Sie bei Rückfragen zu Details einige Probleme bekommen. Hier möchte ich auch auf ein interessantes Buch von Prof. Dr. Rolf Wilhelm Brednich verweisen. Titel: „Sagenhafte Geschichten von heute". Ein sehr unterhaltsames Werk, bei dem auch Sie sicher zahlreiche Storys entdecken, die angeblich der Freund Ihres Freundes erlebt haben soll. Erschienen im Verlag C.H. Beck München.

Wer wird denn gleich den Kopf verlieren?

Da Sie nun sowieso schon im „verrücktesten Kapitel" dieses Buches angelangt sind, hier noch ein etwas absurdes Spiel, mit dem Sie viel Spaß haben werden.

Was Sie brauchen Mindestens einen Mitspieler, viel Mimik und Gestik.

Zur Darbietung Bitten Sie den oder die Mitspieler alles nachzumachen, was Sie vormachen. Nehmen Sie Ihre Hände an den Kopf und schrauben Sie symbolisch Ihren Kopf ab. Sagen Sie zu Ihren Mitspielern: „Gut, vergessen wir erst mal alles und tun wir so, als würden wir unseren Kopf abschrauben. Dann nehmen wir unseren Kopf unter den rechten Arm." Lassen Sie nun mit der linken Hand das rechte Kniegelenk abschrauben. Dieses sollen die Mitspieler untereinander austauschen. Spätestens hier beginnen schon die ersten Lachsalven. Nun bitten Sie die Zuschauer, jeder solle so tun, als würde er in dieses Kniegelenk spontan reinbeißen.

Das kommt raus Bei entsprechender Vorführung beißen alle imaginär mit ihren Zähnen in das Kniegelenk in der linken Hand. Doch befindet sich ja eigentlich unser Kopf unter dem rechten Arm und *diese* Zähne müssten reinbeißen. Sie werden sehen, was für ein Gelächter ausbricht, wenn das allen klar wird.

Schlüsselbegriffe:
★ Kreativitätstraining
★ Sinnhaftigkeit der Clowns
★ Gedankensteuerung
★ Kurzzeitgedächtnis
★ OP-Serien
★ in Zukunft humane Ersatzteillager
★ Spaß an der Bar
★ wie schwer Imitation sein kann ...

Witzentertainment: einige der besten Witze – für Sie!

Nicht nur gute Storys, sondern auch gute Witze zählen zum Kapital einer Entertainment-Persönlichkeit. Ein humorvoller und angebrachter Witz zur richtigen Zeit schafft nicht nur Aufmerksamkeit, sondern gibt zudem den Weg zur Beziehungsebene anderer Menschen frei. Als Zauberer und insbesondere als Bauchredner sind für mich diese Storys, Witze und humorvollen Ideen so wichtig, dass ich mir von einem Programmierer sogar eine Software habe erstellen lassen. Hier sammle ich kreative Eingebungen von innen und außen in verschiedenen Rubriken. Habe ich ein Seminar, einen Vortrag oder eine Show zum Beispiel vor der Autobranche, klicke ich hier nur auf das Thema Auto und kann auf eine entsprechende Auswahl zurückgreifen.

„Kreativität ist zu 80 Prozent Transpiration und nur zu 20 Prozent Inspiration."

Jetzt völlig unsor-
tiert und wer-
tungsneutral
einige kreative
Witze zum
Weitererzählen

Die Chefsekretärin stürzt in das Chefbüro: „Eben kam eine E-Mail – Ihr Teilhaber will die reine Wahrheit wissen und will sofort die Bilanz sehen!" Darauf der Chef: „Jetzt muss er sich erst mal entscheiden: Will er nun die reine Wahrheit wissen oder die Bilanz sehen?"

☺ ☺ ☺

Geschäftsessen in einem Nobelrestaurant. Der Ober fragt den Chef: „Haben Sie noch einen Wunsch?" Dieser darauf: „Ja, bitte flambieren Sie die Rechnung!"

☺ ☺ ☺

Der Vorstandsvorsitzende beim Verkehrsrichter: „Ich bin wirklich keine 90 Stundenkilometer gefahren, höchstens 50, vielleicht sogar nur 30. Eigentlich stand ich ja schon fast, als mich die Polizei anhielt."
„Stopp!", unterbricht ihn der Richter, „nicht weiter, sonst fahren Sie noch rückwärts irgendwo rein!"

Zwei Sekretärinnen treffen sich beim Kaffee-Plausch: „Und, wie gefällt dir mein neuer Kamelhaarmantel?", fragt die eine die andere. „Einfach traumhaft! Sitzt wie angewachsen!"

Kommt ein Schwabe in eine Schweizer Bank und flüstert dem Angestellten leise ins Ohr: „Ich möchte bitte 2 Millionen Franken in bar anlegen." Darauf der Banker: „Mein Herr, da brauchen Sie doch nicht zu flüstern, Armut ist doch keine Schande!"

Drei Gewerkschafter unterhalten sich über ihre Frauen.
Der Erste: „Also meine Frau hat so eine schlanke Taille, wenn ich mit meinen Fingern um ihre Taille fasse, berühren sich bei mir die Fingerspitzen. Also nicht, dass ihr denkt, ich hab' so lange Finger, die hat einfach so 'ne tolle schlanke Taille."
Der Zweite: „Das ist ja noch gar nichts. Meine Frau hat so tolle lange Beine, wenn ich die auf ein Pferd setze, berühren ihre Bei-

ne den Boden. Also nicht, dass ihr denkt, wir hätten so kleine Pferde. Nein, die hat so tolle lange Beine."

Sagt der dritte Gewerkschafter: „Das ist ja überhaupt nichts. Meine Frau hat so einen hübschen Po. Wenn ich der morgens einen Klaps auf den Po gebe und komme von der Arbeit zurück, ja dann wackelt der Po immer noch. Nicht, dass ihr denkt, meine Frau hätte so einen dicken Po. Nein, wir haben einfach so 'ne kurze Arbeitszeit!"

☺ ☺ ☺

Ein Mann kommt in ein Musikgeschäft und sagt zum Inhaber: „Ich hätte gern die CD, auf der der Pavarotti singt wie ein Hund." Darauf dieser: „Hören Sie mal, Pavarotti ist ein Startenor, der singt nicht wie ein Hund." Der Kunde: „Doch, da gibt es eine CD, auf der Pavarotti wie ein Hund singt." Der Geschäftsführer leicht genervt: „Also, wenn Sie in meinem Geschäft auch nur eine CD finden, auf der Pavarotti wie ein Hund singt, dann schenke ich Ihnen diese." Der Mann fängt daraufhin an zu suchen und kommt schon bald freudestrahlend mit einer CD in der Hand zum Inhaber: „Ich hab sie, schauen Sie, da steht's drauf. Pavarotti singt Vivaldi (ausgesprochen WIE WALDI)!"

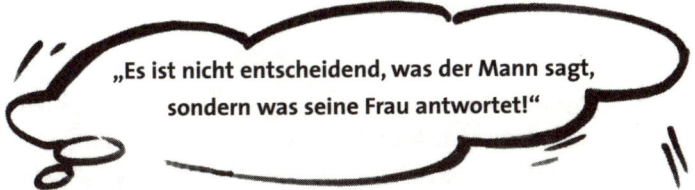

„Es ist nicht entscheidend, was der Mann sagt, sondern was seine Frau antwortet!"

Ein Ingenieur rettet einem Frosch beim Überqueren der Straße das Leben. Der Frosch sagt zu ihm: „Wenn du mich küsst, werde ich eine wunderschöne Prinzessin." Er aber steckt den Frosch einfach in die Tasche. Später schreit der Frosch: „Willst du mich nicht endlich küssen? Ich bin eine hübsche Prinzessin. Du kannst dann mit mir machen, was du willst!" Darauf er: „Weißt du, ich bin Ingenieur, ich hab keine Zeit für eine Freundin, aber ein sprechender Frosch ... das ist cool!"

In einem großen Autokonzern findet ein Austauschprogramm statt. Vier Ingenieure werden gegen vier Kannibalen ausgetauscht. Der Konzernchef bei der Begrüßung der Kannibalen: „Ihr könnt hier arbeiten, werdet gut bezahlt und gut verköstigt. Es rührt mir keiner einen Mitarbeiter an." Nach einigen Wochen kommt der Chef wieder: „Okay, ihr arbeitet fleißig, doch seit drei Tagen fehlt unsere Putzfrau, wer hat die gefressen?" Keiner antwortet. Später nimmt der Kannibalenchef seine Leute in die Mangel: „Wir ernähren uns seit Wochen nur von Assistenten, Controllern und Projektleitern und keiner hat's gemerkt. Welcher Idiot kam auf die Idee, die Putzfrau zu fressen?"

„Die Bezeichnung „Moderator" kommt aus dem Lateinischen und setzt sich aus zwei Worten zusammen: modestus – bescheiden und errare – irren. Also ein bescheidener Irrer!"

Was sagt ein Finanzminister, wenn man ihn fragt: „Wie geht's?" Antwort: „Wie man's nimmt!"

☺ ☺ ☺

Die Polizei bei der Geschwindigkeitskontrolle. Ein Fahrzeug mit drei Damen im Auto, das zu schnell war, wird von einem jungen Polizisten angehalten. Er drückt noch einmal ein Auge zu und spricht der Dame am Steuer nur eine Verwarnung aus. Dann fragt der Polizist: „Na, was machen Sie mit dem gesparten Bußgeld?" „Ach, erst mal den Führerschein", antwortet diese. Darauf die Frau auf dem Beifahrersitz: „Entschuldigung, Herr Wachtmeister, meine Freundin redet immer so 'n Zeug, wenn Sie betrunken ist." Darauf die Dritte vom Rücksitz: „Ich hab euch doch gleich gesagt, dass wir mit dem gestohlenen Wagen nicht weit kommen!"

☺ ☺ ☺

Drei Führungskräfte sitzen nach einem Seminarwochenende an der Bar zusammen. Nach einigen Gläsern Wein beschließen sie gegenseitig ihre Schwächen zuzugeben. Der Erste: „Wenn ich geschäftlich in Hamburg bin, gehe ich immer mindestens zweimal auf Firmenkosten ins Freudenhaus." Sagt der Zweite: „Na ja, ich plane meine Geschäftsfahrten immer so, dass ein Casino in der Nähe ist. Was glaubt ihr, was ich da schon an Firmengeldern verjubelt habe?" Der Dritte darauf: „Ich hab eigentlich nur eine Schwäche. Ich kann nichts für mich behalten!"

☺ ☺ ☺

Ein Allgäuer Familienbetrieb stellt einen besonders dünnen Draht her. Eines Tages denkt der Juniorchef: „Ich bin mir sicher, dass wir den dünnsten Draht der Welt herstellen. Ich möchte mal unserem dünnsten Draht seine Stärke messen lassen." Er schickt den Draht nach München ins Max-Planck-Institut mit der Bitte zu messen, wie dünn denn sein Draht sei. Eine Woche später kommt der Draht mit folgender Botschaft zurück: „Tut uns leid, Ihr Draht ist so dünn, dass wir keine Geräte dafür haben, dessen Stärke zu messen." Nun gut, denkt sich der Firmenchef, schicke ich den Draht eben an die NASA in den Vereinigten Staaten. Doch nach vier Wochen kommt auch von dort der Draht zurück mit der Erklärung, dass selbst die NASA mit ihren hoch entwickelten Geräten diesen Draht nicht messen könne, weil er eben zu dünn sei. Als letzte Idee kam dem Juniorchef der Huber-Spenglerbetrieb im Ort, dem man allgemein nachsagte, dass der Chef sehr clever sei. Dem schickte er sofort seinen Draht.
Noch am gleichen Tag kam der Rückruf vom Spengler Huber: „Du, was soll ich mit dem Draht? Willst du, dass ich dir ein Gewinde draufschneide oder ein Loch reinbohre?"

☺ ☺ ☺

Drei Geschäftsführer gehen in Italien am Strand entlang. Findet einer eine Flasche, öffnet sie und heraus kommt ein beeindruckender Flaschengeist. Dieser sagt: „Weil du mich befreit hast, darfst du dir etwas wünschen." Meint der Mann: „Okay, ich wünsche mir eine Autobahn über das Meer, hier von Italien bis

nach Hawaii!" Der Flaschengeist meint: „Entschuldigung, aber dieser Wunsch ist einfach zu groß, bitte wähle etwas anderes." Darauf der Geschäftsführer: „Gut, dann möchte ich die Frauen verstehen." Ohne lang zu überlegen sagt der Flaschengeist: „Okay, okay, wie willst du deine Autobahn: zwei- oder vierspurig?"

☺ ☺ ☺

„Sie sind leider für uns nicht der richtige Mann, den wir uns als Vertriebsleiter vorgestellt haben", so verabschiedet der Personalchef einen Bewerber. „Aber der Mann, der Ihnen diesen Anzug angedreht hat, der interessiert uns."

Guter Humor steht für Persönlichkeit. Denken Sie einfach mal an die Vergangenheit. Welcher Ihrer Lieblingswitze kam bei Ihrem Publikum besonders gut an? Bitte nicht mit den Witzen verwechseln, über die Sie selbst am meisten lachten. Es zählt allein die Resonanz Ihrer Zielgruppe. Hier meine beiden besten, die ich künftig wieder aktiv einsetzen werde (bitte nur zwei Stichpunkte, die Witze kennen Sie ja♠):

_____

_____

_____

_____

Von den angeführten Beispielwitzen ist folgender mein Favorit. Den werde ich bestimmt weitererzählen:

_____

_____

_____

♠Ihre Lieblingswitze würden mich übrigens sehr interessieren. Mit Ihrer „Witz-Mail" nehmen Sie automatisch an unserem Gewinnspiel teil (siehe Internet: www.simsalawin.de)

Sim Sala Win!

Zauberbox-Kunststück:
Zukunftsmaschine

Mit der Zukunftsmaschine erhalten Sie ein hervorragendes Werkzeug in Sachen Präsentation und Verkauf. Zeigen Sie bildlich, wie sich manche Firmen buchstäblich in den Konkurs sparen. Zitat: „Es muss gespart werden, koste es, was es wolle!" Sie demonstrieren dann, wo letztendlich ein solcher Glaubenssatz hinführen kann. Damit können Sie unterhaltsam auch die Botschaft transportieren, dass es einerseits wichtig ist für sein Geld möglichst viel Nutzen zu bekommen, andererseits oft auch an der falschen Stelle gespart wird.

Das erlebt der Sie führen Ihr Publikum in die Welt des Sparens ein. Die Kosten
Zuschauer fest im Griff zu haben gehöre sicherlich zu den wichtigsten Aufgaben einer Führungskraft. Doch gebe es hier in der Zwischenzeit auch einige Auswüchse und deren Folgen möchten Sie kurz aufzeigen. Sie erzählen beispielsweise die Geschichte von zwei Entwicklungsingenieuren einer Firma, die folgende Maschine entwarfen (aufgefaltetes Blatt zeigen).

Die Zuschauer
sehen die
Maschine in
Komplettansicht.
Auf dem Mittel-
teller lässt sich
zudem sehr gut
ein Logo oder et-
was Ähnliches
präsentieren.

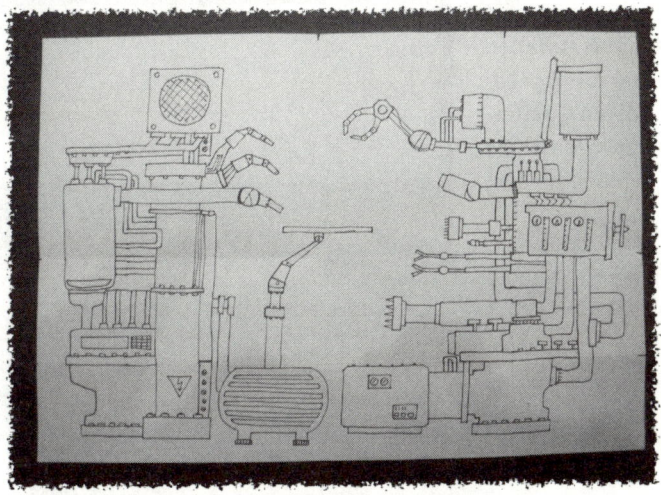

Dann kam jedoch der Technikleiter und meinte: „Egal wie, aber die muss kleiner werden, ist einfach zu teuer." (Jetzt Blatt von rechts nach links einfalten.)

Jetzt folgt die Faltung nahe der Mittelachse zur Hochformat-Maschine. Bitte Information auf S. 127 unten beachten.

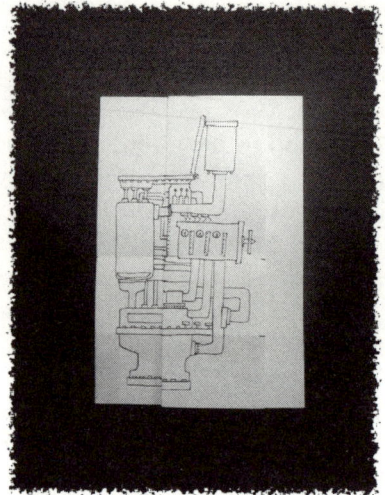

Sie präsentierten diese Maschine dem Vertriebsleiter, der sagte: „Viel zu viel Technik in dem Ding, das ist zu teuer, raus mit den ganzen Ventilen und Zuleitungen." (Jetzt wieder Blatt öffnen und anschließend das untere Feld nach oben falten.)

Danach auffalten und zur abgebildeten Querformat-Maschine Papier umlegen.

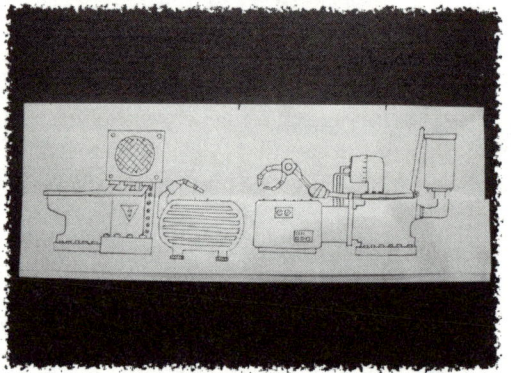

Das letzte Wort hatte natürlich der Chef: „Egal was Technik- und Vertriebsleiter sagen, die Maschine ist einfach zu groß und zu teuer, da muss mehr für uns hängen bleiben. Baut das Teil kleiner!" Und die Entwicklungsingenieure machten sich wiederum ans Werk und entwarfen folgende Maschine ... (Jetzt nicht mehr auffalten, sondern einfach von rechts nach links Blatt einschlagen.) Die Zuschauer sehen jetzt ... eine Toilette.

Papier nicht mehr öffnen. Schlussfaltung nahe der Mittelachse vornehmen – das Ergebnis spricht für sich.

Tipp Etwa in der Mitte der geöffneten Maschine befindet sich eine Art Teller. Wenn Sie jetzt beispielsweise mit etwas Humor über eine ähnliche Situation einst in Ihrem Unternehmen berichten wollen, ist hier der richtige Platz um ein Firmenlogo klein auf diesem Servierbrett zu präsentieren. Natürlich können Sie mit der Zukunftsmaschine auch demonstrieren, dass der Erfolg oft im Einfachen liegt und einige Unternehmen Millionen heute im Sanitärbereich verdienen, egal ob andere darüber schmunzeln oder nicht. Lassen Sie doch einfach Ihrer Kreativität freien Lauf ... und halten Sie mich darüber auf dem Laufenden!

Schlüsselbegriffe:
★ Sparwahn
★ Macht des Einfachen
★ Idee, glatt zum Runterspülen
★ Grundidee treu bleiben
★ das Geniale liegt in der Einfachheit
★ weniger kann mehr sein
★ Millionenindustrie Sanitär ...

Information Es kann (aus technischen Gründen) sein, dass Sie bei dem Blatt einen Falz von Hand noch einmal umlegen und auf die Rückseite falzen müssen. Die Bildfolge soll Ihnen dies noch einmal erleichtern.

Kapitel 5:

Netzwerk-Entertainment für Profis

Macht und Umgang mit der Visitenkarte

Netzwerke zählen zu den wichtigsten Vertriebs- und Marketinginstrumenten in unserem Jahrtausend. Hier geht es neben dem Bekanntheitsgrad auch um das so genannte „Vitamin B" (= Beziehung). So manche scheinbar absolut verschlossene Tür öffnet sich, wenn Sie jemanden kennen, der den „Sesam-öffne-dich-Code" kennt und Ihnen wohlgesonnen ist.

Obendrein wurden die menschlichen Netzwerke sehr lange werbetechnisch völlig unterschätzt. Eine beeindruckende Tatsache dazu: Jeder Mensch hat Macht über rund 200 Netzwerkpartner. Das heißt: Er trägt eine Botschaft in einem gewissen Zeitraum an bis zu 200 Menschen weiter. Diese 200 Menschen sind soziodemografisch natürlich bunt gemischt und reichen vom Nachbarn über Verwandte bis hin zu Kollegen, Geschäftspartnern und anderen in seinem Bekanntenkreis. Spannend wird die Sache dann, wenn wir in Betracht ziehen, dass jeder Empfänger der Botschaft wiederum 200 Netzwerkpartner beeinflusst. Also 200 x 200 Botschafter = 40.000 Botschafter. Da ich selbst realistisch veranlagt bin, möchte ich Ihnen die dritte Botschafterreihe hier ersparen. Zudem dürfte es ebenso realistisch sein, dass Ihre Nachricht niemals zwei Netzwerkreihen komplett durchlebt. Deshalb nehme ich jetzt einfach mal „nur" 10 Prozent dieser 40.000 Empfänger an, sprich 4000 Menschen. Stellen Sie sich jetzt bildlich die Menschenmenge von 4000 Personen auf einem großen Platz vor. All diese Menschen kennen jetzt Ihren Namen bzw. Ihren Produkt- und/oder Firmennamen. Es wurde ihnen glaubwürdig♦ von einem Bekannten vermittelt, dass Sie etwas ganz Besonderes anbieten. Diese künftigen Kunden wollen nun alle in den Genuss Ihrer Leistung

♦Glaubwürdigkeit hat in einem Netzwerk hohen Stellenwert. In der klassischen Werbung werden die meisten Produkte so hochgepriesen, dass so mancher später vom realen Nutzen eher enttäuscht war. Beim Mund-zu-Mund-Marketing ist die Botschaft deshalb umso glaubwürdiger, da der Nachrichtenüberbringer meist keinen finanziellen Nutzen davon hat, diese Botschaft weiterzutragen.

kommen. Und das, ohne einen Euro in Werbung investiert zu haben, alles über Mund-zu-Mund-Marketing, eben über Netzwerke.

Nutzbringer in jeder Lebenslage

Diese Gedanken sollen Sie dazu animieren Netzwerke aktiv für sich zu nutzen. Wenn Sie als Verkäufer zum Beispiel einem Kunden an einem bestimmten Tag kein Produkt verkaufen können, ist das eine Sache. Dass Ihr Kunde aber am selben Tag über Kreuzschmerzen klagt und Sie ihm einen guten Chiropraktiker empfehlen können, das ist die andere Sache. Vielleicht ist er deswegen schon morgen schmerzfrei und Sie haben ihm doch wieder etwas sehr Wichtiges verkauft: nämlich Ihre Person als vertrauenswürdigen Nutzenbringer in jeder Lebenslage. Was glauben Sie, wo dieser Kunde wohl sein nächstes Produkt bzw. seine nächste Dienstleistung einkauft? Selbstverständlich bei Ihnen, vorausgesetzt Ihr Angebot ist nicht nur „AAG", sondern auch in Sachen Preis/Nutzen attraktiv, wovon ich natürlich ausgehe.

Aber zurück zur Visitenkarte. Visitenkarten sind sozusagen das Startkapital der Netzwerke. Leider erlebe ich immer wieder, dass dieses Instrument gerne mit Füßen getreten wird. Auf einem Kongress zum Beispiel wird ausgiebig kommuniziert und schließlich einigt man sich seine Visitenkarten auszutauschen. Jeder überreicht die seine. Es folgt nahezu gleichzeitig ein Verabschieden samt Wegstecken der Visitenkarten und jeder geht seiner Wege.

Der Visitenkarte Aufmerksamkeit schenken

Sicher können Sie sich noch an meine Frage aus dem ON/OFF-Kapitel erinnern: „Wer ist der wichtigste Mensch in meinem Leben?" Antwort: „Der, der mir gerade gegenübersteht." Dieses Gefühl hat Ihr Gegenüber sicher nicht, wenn Sie achtlos seine Visitenkarte wegstecken. Wichtig: Nehmen Sie die Visitenkarte und schenken Sie ihr Aufmerksamkeit. Wenn ich den Namen vorher nicht kannte, lese ich zum Beispiel beiläufig den Namen noch einmal mehr oder weniger vor: „Gut, Herr ... Harald Müller ..., hat mich sehr gefreut ...". Oder ich sage etwas zur Visitenkarte: „VKM ist Ihr Firmenname, für was stehen denn diese Initialen?" So zum Beispiel zeigen Sie Ihrem Gegenüber unbewusst Ihr Interesse. Übrigens ist die Sache mit dem noch einmal vorgelesenen Namen auch psychologisch sehr clever. **„Der eigene**

Name ist des Menschen liebstes Kind", so die Tatsache. Auch wenn wir es nicht wahrhaben wollen, diese Botschaft geht direkt ins Unterbewusstsein und stärkt die Beziehungsebene unseres Gesprächs.

Noch ein Tipp zur Visitenkarte: Notieren Sie sich baldmöglichst auf der Rückseite der Karte das Datum des Kennenlernens, den Ort und die Gesprächsgrundlage als kurze Notiz. Wenn Sie den Kontakt aufleben lassen wollen, gibt es kaum etwas Peinlicheres als auf Grund von Nichtwissen um den heißen Brei herumzureden. Wie wollen Sie Ihrem Gesprächspartner glaubhaft deutlich machen, dass er Ihnen wichtig ist, wenn Sie nicht einmal mehr wissen, über was Sie gemeinsam gesprochen haben?

Fast wie Zauberei,
(k)ein Trick bei der Visitenkartenübergabe:
Stellen Sie sich vor, Sie sind auf einem Kongress oder einer Messe. Sie kommen mit einer interessanten Person ins Gespräch und tauschen schließlich für spätere Kontakte Ihre Visitenkarten aus. Meist entspricht die Karte sowohl optisch als auch in Bezug auf die Größe dem Standard und wird eben eher achtlos weggesteckt. Zu Hause kommt es schon einmal vor, dass wir nicht einmal mehr wissen, wo sich das kleine Ding versteckt hat. Je wichtiger der Kontakt war, desto eher erinnern Sie sich jedoch wo. Ähnlich wie beim Auftreten in einer Reihe von 20 weiteren Führungskräften oder Beratern gilt es auch über die Frage nachzudenken: „Was kann ich bezüglich der Aufmachung meiner Visitenkarte ändern, damit diese beim anderen positiv im Gedächtnis bleibt?"
Von der Visitenkarte mit Duft über besondere Falztechniken bis hin zum bedruckten Holzfurnier bleiben hier kaum Wünsche offen. Ein äußerst preiswertes und wirkungsvolles Werkzeug für „normale" Visitenkarten ist die so genannte „Visitenkartentasche". Dies ist eine kleine und ansprechende, transparente Kunststoffhülle mit Klettverschluss, die Ihr Gegenüber mitsamt der bzw. den Visitenkarten behalten darf. Ich nutze dieses Instrument selbst und überreiche dieses Täschchen meist mit den Worten: „Eine Karte ist für Sie, zwei für Weiterempfehlun-

gen!" Die Wirkung dieser Übergabe im Vergleich zum üblichen Visitenkartenreichen ist immer wieder beeindruckend. Vom spielerischen Öffnen des Klettverschlusses bis hin zur Frage, ob man auch das nette Täschchen behalten dürfe, entsteht hier meist ein unterhaltsamer Dialog. Und Sie können sicher sein, *Ihre* Visitenkarte wird wiedergefunden! Zudem stecken wirklich in jedem Täschchen drei meiner Visitenkarten. Das animiert den Kunden regelrecht zur Weiterempfehlung. Eine Bezugsadresse für dieses preiswerte und effektvolle „Zauberinstrument" finden Sie im Anhang.

„Handeln bedeutet auch
eigene Bedenken zu übergehen!"

So kommen Sie an das Lob Ihrer Kunden

Formulierungen wie „... das ist doch nicht der Rede wert!" oder „... eine Selbstverständlichkeit unseres Hauses" vergeben die meisten Empfehlungschancen! Sie starten mit solchen oder ähnlichen Floskeln einen direkten Angriff auf das Hochgefühl des anderen. Übertrieben formuliert sagen wir ihm damit sogar unbewusst: „Das war keine so große Sache, wie du denkst. Was glaubst du, was wir für richtig wichtige Kunden tun ...!" Zudem nehmen Sie sich meist die Möglichkeit an wichtige „Hardware-Empfehlungen" zu kommen. Verstärken Sie doch einfach die Aussage Ihrer Gönner durch Formulierungen wie: „... in diesen Genuss kommen sicher nicht alle unsere Kunden, aber für Sie haben wir das gerne getan." Oder: „... wir investieren gerne in den Service besonderer Kunden wie Sie, da wir sicher sind, dass diese es zu schätzen wissen!" Sie merken, wie hier das *positive Erleben* des Kunden noch *zusätzlich unterstrichen* wird und ihm gleichzeitig eine VIP-Stellung zukommen lässt. Dieses Hochgefühl sollten Sie für ein Empfehlungsmarketing nutzen. Wenn es auf der Beziehungsebene so richtig gut läuft, ist eine Bitte wie „... empfehlen Sie uns weiter ..." sicher ein guter Weg, doch meist ist hier wesentlich mehr drin. Gerade im Dienstleistungssektor können Sie hier an unglaublich wichtige schriftliche Empfehlungen kommen – schwarz auf weiß. Solche Empfehlungsschreiben von namhaften Unternehmen und Persönlichkeiten sind das Salz in der Suppe für Ihre künftige Akquisition.

Hochgefühl nutzen
Ich persönlich erläutere den Kunden während diesem oben beschriebenen Hochgefühl kurz, dass meine besten Werbebotschafter die Empfehlungen zufriedener Kunden sind. Gleichzeitig bedanke ich mich noch einmal für das große Lob und bringe es ganz direkt zum Ausdruck, dass auch die Kunden mir eine große Freude machen könnten, wenn sie diese eben geäußerte, besondere Zufriedenheit in ein paar schriftlichen Zeilen festhalten würden.

Zahlreiche Empfehlungsschreiben namhafter Unternehmen liegen seither meinen neuen Kundenanfragen bei und verkaufen ohne ein weiteres Wort von mir. Nutzen Sie dieses Marketinginstrument ruhig noch aktiver zur Kommunikation mit Ihren potentiellen Neukunden. Beispielsweise können Sie in Ihrem Kundenmailing oder Hauszeitschrift die Rubrik „Kundenlob des Monats" einführen und diesen kurz zitieren. Weiterhin sollten die gerahmten Empfehlungsschreiben Ihre Präsentations- bzw. Ausstellungsräume zieren. Das sind Botschaften, die zauberhaft wirken!

Auf dem Weg zur „WG-Karte"
Für einige meiner Kunden bin ich sogar noch einen Schritt weiter gegangen und habe in Zusammenarbeit mit den Mitarbeitern eine so genannte Feedbackkarte entwickelt. Konkret entstand die Idee einer „etwas anderen" Feedbackkarte in einem Seminar für Schreiner. Diese äußerten von sich aus das Bedürfnis nach mehr „Feedback zur geleisteten Arbeit". Einerseits ging es darum dem Chef diese Botschaft zu transportieren, andererseits wollte ich diese Bitte zudem instrumentalisieren. Es entstand eine Feedbackkarte der besonderen Art. Der erste Schritt war für mich dem Kind einen Namen zu geben, weg vom Begriff „Feedback" hin zu etwas, das zum Allgäu und zu dieser Schreinerei passt. So entstand für diese Schreinerei der Name „WG-Karte". Auf der ersten Seite dieser Karte steht für den Kunden sichtbar „Ihre persönliche WG-Karte" und die Neugier, was „WG"

sein könnte, ist geweckt. Beim Öffnen der Karte wird die Botschaft klar: „WG" steht für die Frage (im Allgäuer Dialekt) „War's Guat?" Jetzt kann der Kunde wiederum auf einer Skala ankreuzen, ob es „W" war (Weniger Guat) oder „G" war (Ganz Guat). Ein echt starkes Werkzeug auf dem Weg zu begeisterten Kunden, die ihr Lob nun auch zum Ausdruck bringen. Übrigens bekommen Sie hier selbstverständlich auch Kritik übermittelt. Doch sollten Sie dies als ein äußerst produktives Instrument sehen, sozusagen als ein „kostenloses Controllingorgan". Denn solange ein Kunde kritisiert, hat er Interesse an Ihnen bzw. Ihrem Unternehmen. Erst wenn er einmal nichts mehr sagt, dann können Sie davon ausgehen, besonders grobe Fehler gemacht zu haben.

Einige Tipps noch zu Feedbackkarten

★ kkk – kurz, kreativ und konkret. Überfrachten Sie Ihre Kunden nicht mit Fragen. Vier bis maximal acht Fragen sollten genügen.

★ Teilen Sie Ihrem Kunden mit, was er davon hat, wenn er die Karte ausfüllt. Im Schreinerbeispiel nimmt jede Karte am „WG-Gewinnspiel" zum Jahresende teil. Hier haben Sie gleichzeitig eine weitere Möglichkeit Ihre Kunden positiv zu überraschen.

★ Denken Sie auch an wichtige Marketingfragen für Ihre künftige Werbestrategie: „Wie sind Sie auf uns aufmerksam geworden?"

★ Sie wollen etwas vom Kunden – also „Porto zahlt Empfänger".

★ Fragen Sie sich, ob einerseits das Wort „Feedback" zu Ihren Kunden passt, andererseits, welche Gestaltungselemente Sie passend zu Ihrer Firma einbringen wollen. Das Ausfüllen dieser Karte soll möglichst einfach, unterhaltsam und nutzenbringend für den Kunden sein!

Die „WG-Karten" der Schreinerei sind für die Mitarbeiter zudem ein tolles Kommunikationsinstrument, um nach getaner Arbeit mit dem Kunden noch kurz ins Gespräch zu kommen. Das Schöne daran: Der Schreiner verkauft dem Kunden hier vorrangig den Nutzen, dass er für zwei Minuten seiner Botschaft einen tollen Preis beim Gewinnspiel beziehen kann.

 Ja, ich werde künftig eine Feedbackkarte als besonderes Werkzeug nutzen. (Oder sollte ich vielleicht eine vorhandene Karte nach neuen Gesichtspunkten überarbeiten?)

_____

_____

_____

_____

„Von einem guten Kompliment
kann ich zwei Monate leben."
Mark Twain

Wenn's **WG** war, erzählen Sie's ruhig weiter.

Bitte tragen Sie hier Ihre Adresse samt Datum für das WG-Gewinnspiel ein. Und am Besten gleich heute noch auf die Post bringen!

Gebühr zahlt Empfänger

Schreinerei Schmöger
Hauptstraße 17

87466 Qy/Mittelberg

Datum

Muster einer etwas anderen Feedbackkarte (Vor- und Rückseite)

Sim Sala Win!

Muster der Feed-backkarte (Innenseiten)

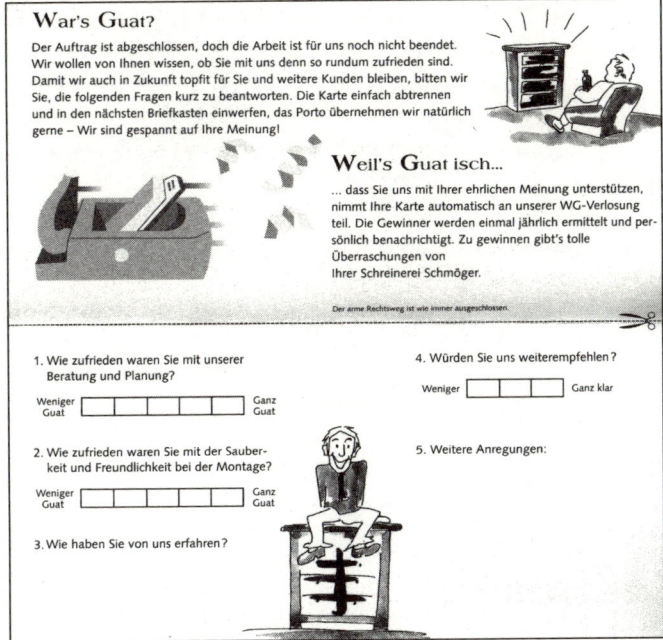

War's Guat?

Der Auftrag ist abgeschlossen, doch die Arbeit ist für uns noch nicht beendet. Wir wollen von Ihnen wissen, ob Sie mit uns denn so rundum zufrieden sind. Damit wir auch in Zukunft topfit für Sie und weitere Kunden bleiben, bitten wir Sie, die folgenden Fragen kurz zu beantworten. Die Karte einfach abtrennen und in den nächsten Briefkasten einwerfen, das Porto übernehmen wir natürlich gerne – Wir sind gespannt auf Ihre Meinung!

Weil's Guat isch...

... dass Sie uns mit Ihrer ehrlichen Meinung unterstützen, nimmt Ihre Karte automatisch an unserer WG-Verlosung teil. Die Gewinner werden einmal jährlich ermittelt und persönlich benachrichtigt. Zu gewinnen gibt's tolle Überraschungen von Ihrer Schreinerei Schmöger.

Der arme Rechtsweg ist wie immer ausgeschlossen.

1. Wie zufrieden waren Sie mit unserer Beratung und Planung?

Weniger Guat / Ganz Guat

2. Wie zufrieden waren Sie mit der Sauberkeit und Freundlichkeit bei der Montage?

Weniger Guat / Ganz Guat

3. Wie haben Sie von uns erfahren?

4. Würden Sie uns weiterempfehlen?

Weniger / Ganz klar

5. Weitere Anregungen:

Wie andere künftig für Sie verkaufen

Die Frage „Wie verkaufen andere künftig für mich?" zählt für mich einerseits zu den wichtigsten Fragen, andererseits möchte ich dies am „KKKsten" (kürzesten, kreativsten, konkretesten) beantworten.

Mund-zu-Mund-Marketing bzw. Netzwerk-Entertainment lebt davon, dass andere Ihre Botschaft weitertragen. Und wann tun Sie das? Hier die einfach Antwort:

„Wenn Sie etwas mehr bieten, als erwartet wurde."

Ich versetze mich in die Rolle eines Bankers und möchte das Ganze einmal bilanztechnisch betrachten. Sie bieten Ihren Kunden eine gewisse Leistung samt dem für den Kunden bereits bekannten Service. Der Kunde dagegen bezahlt für diese Leistung Geld. Also bilanztechnisch gesehen eine neutrale Transaktion.

♥„Brief an mich selbst" ist eines meiner Instrumente, um Seminarinhalte nachhaltig zu gestalten. Die Teilnehmer adressieren einen Brief an sich selbst und notieren darauf einige Dinge, die sie sich vorgenommen hatten umzusetzen. Dieser Brief wird noch im Seminar verschlossen und bleibt damit anonym. Vier bis acht Wochen nach dem Seminar sende ich den Teilnehmern ihr eigenes Schreiben zu. Jetzt müssen sie mit ihrem eigenen Gewissen ihre Vorsätze noch einmal prüfen.

Jetzt frage ich Sie: Warum soll dieser Mensch über eine neutrale Transaktion sprechen? Es ist ja nichts Besonderes passiert. Er hat für das, was er erwartet hat, genau die Summe bezahlt, die er ja von vornherein kannte.

Hier nur einige Beispiele als Anregung, wie ich meine Kunden überrasche:

als Zauberer, indem ich

★ obwohl engagiert, dem Gastgeber zudem ein Präsent mitbringe

als Bauchredner, indem ich

★ individuelle Botschaften zur Person/zum Unternehmen einbaue, von denen die Person vielleicht nicht weiß, wie ich daran kam

als Seminarleiter, indem ich

★ besondere Teilnehmer mit einem besonderen Weihnachtsgeschenk überrasche

★ statt Geburtstag auch mal den Namenstag entdecke und einen netten Gruß sende

★ nach dem Seminar einigen Kunden eine Foto-CD mit Live-Eindrücken vom Seminar übergebe

★ Entertainment-Werkzeuge wie Musik, Zauberei, Video, Live-Anrufe etc. aktiv nutze. Gerade weil doch viele denken, dass Seminare eher etwas Trockenes sind

★ auch nach dem Seminar die Kunden aktiv unterstütze mit dem „Brief an mich selbst", ♥ „Trainingskärtchen", dem kostenlosen Kundeninfo „News & Nuggets" etc.

★ eine schriftliche Ergebnisdokumentation mit Präsentation bei bestimmten Trainings als Zusammenfassung für die Kunden biete

... und vieles mehr.

Der Spezialist für Ihre Branche sind natürlich Sie. Deshalb die Frage: „Was können Sie Ihrem Kunden bieten, mit dem er im Vorfeld so nicht gerechnet hätte?" Das können sowohl materielle Dinge sein als auch besondere Dienstleistungen oder ebenso nachhaltige, besondere Erlebnisse:

**Es gibt mindestens immer zwei Wahrheiten –
der Trick dazu:**

Nutzen Sie dieses zauberhafte Schmunzel-Instrument, um anderen deutlich zu machen, dass es stets mindestens zwei Wahrheiten gibt. Belegen Sie diese These mit nachstehendem Kunststück, um anschließend Ihre Seite der Wahrheit begeisternd zu zeigen. Der Volksmund sagt: „Jede Medaille hat zwei Seiten." Fast alle kennen diesen Ausspruch, doch fallen wir immer wieder auf das Gegenteil herein. Wir sehen eine Seite dieser Medaille, lassen uns blenden und urteilen. Vor solch „modernen Schlagfallen", wie ich sie nenne, ist keiner gefeit.

Was Sie brauchen Ein Blatt DIN A4 oder DIN A3 und jede Menge Skeptiker.

Zur Darbietung Stellen Sie offen die Frage: „Was ist 3 x 2 ?" Die einstimmige Antwort wird „sechs" sein. Betonen Sie ruhig, dass Ihre Zuschauer das für wahr halten. Anschließend beweisen Sie, dass 3 x 2 auch vier sein kann.

Wichtig ist, dass Sie sich jeden der folgenden Schritte von Ihrem Publikum bestätigen lassen. Nehmen Sie das Blatt auf und zerreißen Sie es in der Mitte. „Einmal zwei, richtig?" Lassen Sie sich das, wenn auch nur durch ein Nicken, bestätigen und legen Sie eine Hälfte beiseite. Zerreißen Sie das zurückbehaltene Stück wieder in der Mitte durch und sagen Sie: „Zweimal zwei, richtig?" Jetzt legen Sie die beiden Stücke in den Händen ab und nehmen dafür das zuerst weggelegte Stück wieder auf. Zerreißen Sie auch dieses mit den Worten: „Dreimal zwei, in Ordnung?" Jetzt nehmen Sie alle Papierstücke noch einmal auf und zählen diese deutlich vor: „Eins, zwei, drei, **vier** – also 3 x 2 – unglaublich – zwei Wahrheiten. Doch was ist nun wirklich wahr?"

Schlüsselbegriffe:

★ Probleme/Möglichkeiten der Kommunikation

★ was ist Wahrheit?

★ was ist Recht?

★ üble Nachrede/andere Seite der Medaille

★ physikalisches Erleben

★ Bilder steuern Gedanken

★ was zählt? was ich sehe, was ich weiß, was ich glaube zu sehen oder was ich sehen will? ...

Theodore Roosewelt, der ehemalige US-Präsident, soll einmal gesagt haben: „Wenn ich nur in 75 Prozent aller meiner Annahmen Recht behalte, dann sind alle meine Erwartungen übertroffen!"

Zauberbox-Kunststück:
Dreidimensionales Feuerzeug

Da wir gerade zwei Wahrheiten in einem Trick belegt haben, möchte ich daran gleich mit einem Kunststück aus der Zauberbox anknüpfen. Hier bekommt ein Feuerzeug, das in Wirklichkeit zwei Seiten hat, durch Zauberei eine dritte Seite dazu. Dieses Kunststück ist – richtig vorgeführt – so beeindruckend, dass Ihre Zuschauer an ihren eigenen Augen zweifeln werden. Gleichzeitig ist es jedoch in Sachen Technik und Timing das anspruchsvollste Kunststück der Zauberbox. (Doch etwas Herausforderung muss schließlich auch sein!)

Sie erhalten ein elegantes, schwarzes Feuerzeug mit elektrischer Zündung, dessen Flamme zudem höhenverstellbar ist und selbstverständlich ist es auch nachfüllbar, damit es zu Ihrem ständigen Begleiter wird. Auf der einen Seite ist das Feuerzeug in silbergrau mit einer großen Ziffer „6" bedruckt, auf der anderen Seite mit der Zahl „15".

Das erlebt der Zuschauer Ich beschreibe hier eine mögliche Messesituation am Verkaufsstand. „Guten Tag, ich habe hier das kürzeste Quiz der Welt für Sie, darf ich Sie gewinnen lassen?" Der Zuschauer willigt ein und Sie beginnen, indem Sie ihm eine Seite des Feuerzeugs präsentieren. Der Zuschauer sieht nun eindeutig die Ziffer „6". Sie sagen: „Gut, hier haben wir eine 6 und auf der Rückseite ... eine 9." Sie drehen das Feuerzeug um und nun sieht der Zuschauer auch die Ziffer „9". Also weiter im Text: „ ... also, sechs und neun zusammen ergibt ...?" Der Zuschauer antwortet: „15". Sie sagen nur noch: „Richtig!" Gleichzeitig haben Sie das Feuerzeug wieder in die Ausgangssituation gebracht und da, wo soeben noch die „6" stand, steht jetzt die „15". Der Zuschauer wird erschlagen sein und Sie können ihm an dieser Stelle eine Gewinnkarte für ein weiteres Spiel an Ihrem Stand überreichen, ein kleines Give-away schenken und natürlich tiefer in Ihr Verkaufsgespräch einsteigen.

Der Trick dabei ist die ausgeklügelte Drehtechnik des Feuerzeuges. Dies ist richtig ausgeführt ein absolut täuschender Griff. Doch jetzt keine Angst: Etwas üben sollten Sie schon, aber das Ganze ist bestimmt einfacher, als Sie glauben ...
Die Drehtechnik entnehmen Sie am besten der Bildfolge, wobei wir hier wieder mit dem Prototyp des Feuerzeuges arbeiten – das Original ist natürlich professionell bedruckt!

Das Feuerzeug genau so zwischen Daumen, Zeige- und Mittelfinger halten. Sie präsentieren die Ziffer „6".

②

Bewegungsablauf 1 (noch nicht komplett): Fingerhaltung so lassen und das Feuerzeug nach oben Richtung Brustbein bewegen. Dadurch müssen Sie im Handgelenk drehen. Sie sehen jetzt die Zahl „15" (nachher sieht der Zuschauer die Zahl 9). Keine Angst, die Handhaltung wird später noch natürlicher.

③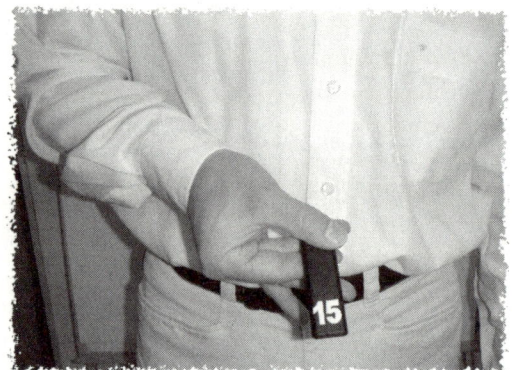

Bewegungsablauf 2: Von der Ausgangsposition auf Bild eins beginnend üben Sie mit dem Daumen etwas Druck aus. Dadurch dreht sich das Feuerzeug um 180 Grad über die Längsachse. Jetzt sehen Sie die „15" (nachher sieht der Zuschauer die „9" – nicht drüber nachdenken, einfach weitermachen).

Jetzt geht es darum Bewegungsablauf 1 und 2 miteinander zu verbinden. Am besten wiederholen Sie drei- bis viermal Griff 1 und irgendwann mitten im Ablauf üben Sie den Druck auf den Daumen aus und gleichzeitig dreht sich das Feuerzeug um die eigene Achse.
Folgende Bilder beschreiben den ganzen Ablauf noch einmal aus Zuschauersicht.

④
Ausgangslage: Zuschauer sieht „6".

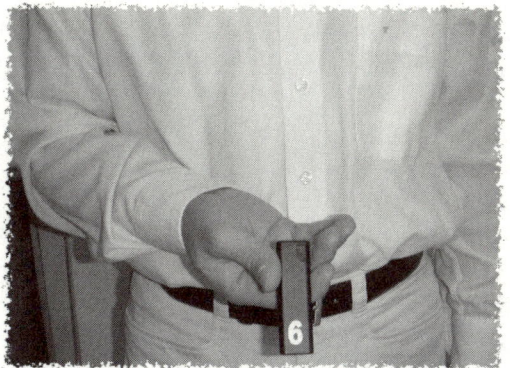

⑤
Etwa auf dem halben Weg zum Brustbein (Griff 1) erfolgt Daumendruck (Griff 2), das Feuerzeug dreht sich dadurch um.

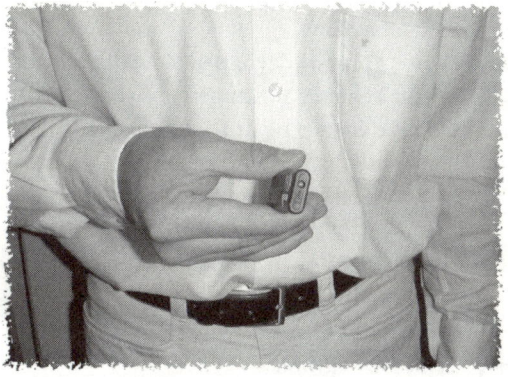

⑥
Beides zusammen passiert in einer flüssigen Bewegung. Der Zuschauer sieht jetzt eigentlich wieder die „6", doch da sie nun auf dem Kopf steht, ist es eine „9".

Jetzt nur noch mit Griff 1 zurück in die Ausgangslage (ohne Griff 2, dadurch dreht sich das Feuerzeug nicht mehr) und Sie zeigen das Ergebnis „15".

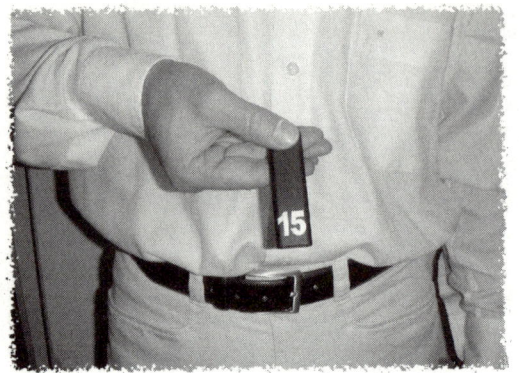

Wow, die „dritte Seite" ist erschienen!

Selber basteln:

Dieses Kunststück können Sie natürlich auch selbst anfertigen, selbst wenn die Beschriftung sicher nicht so beständig ist wie bei dem Feuerzeug mit Spezialdruck in der Zauberbox. Sie brauchen ein möglichst längliches und flaches Feuerzeug. Nehmen Sie eine Selbstklebefolie und schneiden Sie daraus die Ziffer „6" und die Zahl „15" aus. Entfetten Sie mit etwas Spiritus das Feuerzeug und kleben Sie dann Ihre beiden Zahlen auf. Jetzt sind Sie fertig für Ihre Show.

Schlüsselbegriffe:

★ alles hat zwei, manchmal sogar drei Seiten
★ Quiz
★ Gewinnspiel
★ IQ-Test
★ Einstellungstest
★ Denksport
★ Ingenieurausbildung
★ Führungskräftewissen
★ Kreativpotenzial
★ wir machen Unmögliches möglich ...

Kapitel 6

Showbizz in der Presse – so starten Sie Ihre PR-Welle

Wie Sie Ihr persönliches Netzwerk professionell aufbauen

Die erfolgreiche Pressearbeit zählt mit zu den höchsten Riegen des Netzwerkentertainments. Auf einen Schlag können Sie hier mit einer positiven Reaktion Hunderte bzw. Tausende Netzwerke auf einmal in Bewegung bringen.

Die erste Frage ist: Was interessiert die Presse überhaupt? Der ÖLFLECK ist meine Antwort darauf. Mindestens einen der auf der nächsten Seite angeführten Punkte sollten Sie mit Ihrer Botschaft belegen. Sollten es mehr sein, umso besser. Gehen Sie einfach bei Ihrer nächsten Pressemeldung Punkt für Punkt durch und fragen Sie sich: Unter welchen Aspekten kann ich meine Nachricht als etwas ganz Besonderes verkaufen? Was in der Liste übrigens nicht aufgeführt ist, wovon ich allerdings selbstverständlich ausgehe, ist die Tatsache, dass Ihre Meldung brandaktuell ist. Nichts ist langweiliger als die Nachricht von gestern!

Datenbank mit Medienvertretern

Gehen wir davon aus, Sie haben einen „KK", einen „Kleinen Knüller", für die Presse und wollen diesen veröffentlicht sehen. Was Sie jetzt natürlich brauchen, ist ein *aktuelles Pressenetzwerk*, d. h. direkte Ansprechpartner in den Medien. Dieses Netzwerk gilt es vor allem erst einmal aufzubauen und langfristig zu pflegen. Es ist in Ihrem eigenen Interesse zu wissen, welcher Redakteur für Ihre Branche und für Ihr Verbreitungsgebiet zuständig ist. Bauen Sie sich eine kleine Datenbank mit allen wichtigen Medienvertretern auf und senden Sie regelmäßig Informationen an diese Multiplikatoren. Und vergessen Sie nicht eine der wichtigsten Botschaften in Zusammenarbeit mit der Presse: **Wo Informationen fehlen, da sprießen die Gerüchte!**

Mit dem „Ölfleck" in die Presse

Die sieben wichtigsten Nachrichtenkriterien für eine erfolgreiche Veröffentlichung (neben der Aktualität)!

Öffentliches Interesse – Was Sie selbst begeistert, kann anderen immer noch egal sein. Bieten Sie wirklich eine Nachricht von öffentlichem Interesse?

Lokalbezug – Lokale Medien wollen meist Botschaften aus ihrem Verbreitungsgebiet.

Fortschritt – What's really new?

Liebe (Sex) – Sicher gibt es hier verschiedene Standpunkte. Die Bild-Zeitung als Massenmedium ist mit diesem Instrument allerdings seit langem erfolgreich. Eine hübsche Mitarbeiterin, die auf dem Pressebild Ihr Produkt seriös präsentiert, kann beispielsweise angebracht sein.

Emotionen – Schmerz, Trauer, Wut, Stolz, Hass, überschäumende Freude u.v.m.

Curioses – Alles, was „AAG" ist. Das beginnt schon mit der Schreibweise dieses Wortes.

Konflikt – Eine alte Weisheit und Wahrheit: „Wenn zwei sich streiten, freut sich der Dritte." Der vergnügte Dritte könnten auch Sie sein, indem Sie eine interessante Konfliktlösung präsentieren.

Wo Informationen fehlen, da sprießen die Gerüchte!

Dieses kleine Grundgesetz gilt übrigens für nahezu alle Bereiche der Kommunikation, nicht nur bei der Arbeit mit Medien. Es bedeutet, dass es durchaus auch zu Ihren *Pflichten* zählt die Presse auf dem Laufenden zu halten, wenn Sie nicht eines Tages ein Bumerang treffen soll.

Haben Sie auch den Mut kleinere Lokalbotschaften, wie beispielsweise „Lehrlinge begeistern Chef mit ..." , „Happy in den Ruhestand" oder Ähnliches an die Medienvertreter weiterzugeben. Dies sind zwar meist nur so genannte kurze 16-Punkt-Meldungen, bringen Sie jedoch immer wieder positiv in Erinnerung und pflegen das Pressenetzwerk. Bei für Sie besonders wichtigen Botschaften ist es eine gute Strategie, die Nachricht zuerst dem für Sie wichtigsten Medium anzubieten. Damit nutzen Sie die Chance Ihre größte Zielgruppe zu erreichen. Wurde diese Nachricht bereits vorher von einem „weniger wichtigen" Medium gebracht, ist sie dem großen Bruder unter Umständen nur noch eine kleine Notiz am Rande wert.

Die meisten Pressebotschaften scheitern schon allein an der Frage „Über was soll ich denn überhaupt berichten?". Aus dem Bereich des Entertainments kann ich Ihnen als Ideenstart erst einmal das Guinness-Buch der Rekorde empfehlen. Hier einen besonders kreativen Rekord aufzustellen oder zu überbieten ist stets eine entertainmentfähige Botschaft in der Presse wert.

Und wie komme ich ins Guinness-Buch? Einfacher geht's kaum. Sie denken sich einen neuen Rekord aus oder überbieten kreativ einen bestehenden. Sie brauchen drei Zeugen dafür, machen noch ein Bild von dem Ganzen und schon sind Sie mit dabei!

Dies Rekordanmeldung finden Sie übrigens auch im Internet unter: www.guinness-verlag.de.

Der Autor dieses Buches als seinerzeit einer der jüngsten Geschäftsführer eines deutschen Freizeitparks mit einer verrückten Idee auf dem Weg ins Guinness-Buch der Rekorde. Eine unglaublich soziale und prominente PR-Welle für diesen Park. Ein Beispiel dafür, dass Medien nach „AAG"-Storys suchen. Die Idee dafür müssen Sie allerdings selbst liefern!

Für die Guinness-Idee gibt es kaum Grenzen. Hier eine Umsetzung auf kommunalpolitischer Ebene: eine vierfarbige Textteilanzeige im redaktionellen Teil mit einem Null-Euro-Budget.

Mit Wahlplakat ins Guinness-Buch der Rekorde?

Ein ehrgeiziges Ziel haben sich die Gemeinderats-Kandidaten in Dietmannsried-Probstried gesetzt: Die örtliche Wählergemeinschaft hat ein Wahlplakat auf die Maße 3,6 auf 2,6 Meter vergrößert und will damit einen Platz im Guinness-Buch der Rekorde erobern. „Die Rubrik Kommunalwahlplakat ist bislang noch nicht belegt", berichten die Wahlkampfleiter Robert Böhler und Oliver Kellner. Sollte der Rekord Eingang in die skurrile Bestenliste finden, sei eines klar, fürchten beide: „Lange wird der nicht zu halten sein." Foto: Schollenbruch

Sie wollen mehr Ideen zu Pressebotschaften? Okay, hier sind weitere Nuggets in Stichwortform:

★ „Laufende" Künstlerausstellung in Ihrem Hause (heimische Hobbymaler und -bastler oder auch Profis zeigen ihre Kunstwerke. Damit nutzen Sie zudem die Netzwerke dieser Künstler.)

★ Mitarbeiterehrungen/„Ideenpreis 2000"/Umweltpreis

★ Prominenz/interessante Firmenbesuche („Singalesen besuchen Allgäuer Raumausstatter")

★ Besondere Auszeichnungen für Mitarbeiter oder Ihr Unternehmen (Zertifikate/Belobigungen/andere Auszeichnungen – da sind sie wieder, unsere Freunde aus Kapitel 3)

Huckepackmarketing in der Pressearbeit. Da ich selbst die bereits erwähnte Visitenkartentasche erfolgreich einsetze, schrieb ich meine Idee dazu diesem Vertriebsunternehmen. Als Zauberer war für mich natürlich ein „AAG"-Bild gefragt – ich ließ dieses Täschchen mit meinen Visitenkarten einfach schweben. Das Unternehmen Schönherr druckte diese Story spontan in der auflagenstarken Kundenzeitung sogar vierfarbig auf der Titelseite. Zudem finde ich diesen Artikel samt Bild seither in jedem neuen Katalog dieser Firma. Eine Win-Win-Aktion für beide Seiten.

★ Spendenübergaben/Sponsoring/Preisausschreiben (Regional haben hier die Medien meist eigene Eurogrenzen festgelegt, die eine Redaktion rechtfertigen. Doch wer sich „AAG" verkauft, hat auch hier Chancen.)

★ Informationsabende/Sondersprechtage/Themenabende (evtl. als Huckepackmarketing, d. h. in Zusammenarbeit mit anderen Unternehmen)

★ „Tag der offenen Tür" in neuem Gewand (besonderes Motto „Chinatage im Teppichmarkt" – Fengshui-Beratung, chinesi-

Präsentations-Tipps *Schönherr*

Ideen-Brief für erfolgreiche Präsentation und effektive Organisation

Zauberhafte Umsätze mit der Visitenkarten-Tasche

So setzt der zaubernde Marketing-Trainer Oliver Kellner diese Neukundengewinnungs-Idee kreativ ein ...

Zauberhafte Empfehlungen bekommt Oliver Kellner dank der Visitenkarten-Taschen-Idee von Schönherr

Und nach Abschluß z.B. eines Telefon-Seminars überreicht er seinen Kunden die Tasche mit den Worten: „Eine Visitenkarte ist für Sie, und die anderen sind für Ihre Geschäftspartner – ich bedanke mich jetzt schon für Ihre Weiterempfehlung!"

Machen Sie Ihre Kunden zu Ihren besten Verkäufern !

Oliver Kellner äußert sich hocherfreut über diese wirkungsvolle Art der Neukunden-Gewinnung: „Einfacher geht´s kaum – denn diese Mundpropaganda-Idee liefert mir konstant neue Kontakte und zauberhafte Zusatz-Umsätze. Ein begeisterter Kunde, der mich weiterempfiehlt, ist für mich immer noch der beste Botschafter!"

● Gerade die Macht einfacher Marketing-Mittel – wie die Visitenkarten-Tasche mit Klettverschluß – wird von Unternehmen oft verkannt. Häufig erlebt Oliver Kellner in seinen Seminaren Kunden, die mit großen Werbebudgets auftreten, allerdings in den unteren Rängen ihre Hausaufgaben jedoch noch nicht gemacht haben.

... weiter auf Seite 2

Reiner Kreutzmann

Die Macht des Eindruckes

Liebe Leserin, lieber Leser,

egal bei welchem Anlaß Sie neue Menschen kennenlernen, meist bewahrheitet sich die Faustregel: Der erste Eindruck ist entscheidend!

Zu dem Bild, das man sich ganz schnell von seinem Gegenüber macht, gehören Gestik und Mimik, kurz die gesamte Körperhaltung und Ausstrahlung eines Menschen. Man spürt, ob sich der andere in seiner Haut wohl fühlt und sich seiner Sache sicher ist.

Daher möchte ich Ihnen in dieser Ausgabe der Präsentations-Tipps einige Gedanken zum Thema professionelle Selbst-Präsentation vorstellen.

Lassen Sie sich heute von Frau Susanne Helbach-Grosser, Spezialistin in Benimm-Fragen, einige Tipps und Anregungen geben.

Viel Spaß bei der Lektüre wünscht Ihnen
Ihr

Reiner Kreutzmann
- Geschäftsführer -

O liver Kellner, bekannt als zaubernder Marketing-Trainer aus Probstried im Allgäu, setzt die Visitenkarten-Idee zur Neukundengewinnung ein, seit er davon in den Präsentations-Tipps gelesen hat:

Er steckt jeweils fünf seiner Visitenkarten in die exklusiven Taschen von Schönherr.

Die Highlights dieser Ausgabe:

● **Neuheit: Die Multifunktions-Taschen von Schönherr**
Die wiederablösbare Klebetasche: Praktisch und vielseitig . . . . **Seite 3**

● **Business-Knigge für Eilige:** ABC der professionellen Umgangsformen von Susanne Helbach-Grosser. . . . . **Seite 4**

● **Schönherr-Kunden sind kreativ:**
Wir freuen uns über Ihre Gestaltungs-Ideen. . . . . **Seite 7**

Susanne Helbach-Grosser

sches Essen, Kung-Fu-Präsentation, Tee-Information/Verkauf, Windlichter, Duftöle, Zen-Meditations-Workshop ...)

★ „Etwas anderer" Betriebsausflug (Bodenleger im Hochseilgarten, Teppich-Fachberater übernachten im Tipi, Raumausstatterinnen auf Schneeschuhen unterwegs ...)

★ Innovative Ideen/neuer Produktzweig/außergewöhnliche Technik/beeindruckende Geschäftsergebnisse/Kooperationen

 Denken Sie doch einfach mal über das Thema „Huckepackmarketing" nach – es lohnt sich. Mit welchen Partnern könnten Sie in einer gemeinsamen Win-Win-Aktion öffentlich auftreten? Die Großen der Branche machen es uns übrigens vor. Denken Sie beispielsweise an den gemeinsamen Fernsehspot von Quelle und der Deutschen Telekom.

Und noch ein **Beispiel** für hervorragendes Huckepackmarketing: Am Mittelrhein haben vier Gastronomen eine tolle Idee vermarktet. Sie bieten gemeinsam ein „4-Gang-Menü" der besonderen Art an: jeder Menü-Gang in einem anderen Gasthaus. Diese Idee begeisterte nicht nur das Fernsehen für eine nette Reportage. Preiswerter kann Werbung kaum sein ...

... und hier gleich noch eine Hand voll Presseideen

★ Neue Arbeitsplätze geschaffen/weitere Green-Card-Mitarbeiter/Top-Lehrlinge ...

★ Firmengebäude erweitert/behindertengerechte Arbeitsplätze/Hightech-Maschine gekauft ...

★ Umweltbotschaften (neuer Umweltbeauftragter/Jobticket/firmeninterner Umweltwettbewerb/altes Wasserrad wieder in Betrieb ...)

★ Besondere Kunden (Raumausstatter gestaltet Haus von Thomas Gottschalk. Allgäuer Unternehmen liefert Modul für die Nasa. Kunstschmied fertigt Turmlilien für Ottobeurer Basilika. Zimmerei liefert Holzkonstruktion für die EXPO ...)

★ Außergewöhnliche Veranstaltungen (Teppich Müller veranstaltet internationales Bobby-Car-Rennen. Holzhausbaufirma sucht Miss Snowboard ...)

★ Mitarbeiter mit besonderen Fähigkeiten/Ideen (Bank-Mitarbeiter sammelt kleinste Währungseinheit aus aller Welt. Mitarbeiter wurde von Kunden zum freundlichsten Müllmann im Allgäu gewählt. Richtspruch seit 10 Jahren nur im Handstand ...)

★ Kulturelles/soziales/sportliches Engagement (Theater für Gehörlose. Firma feiert 100. Kinderpatenschaft. Eigenes Fitnessstudio für Mitarbeiter eröffnet ...)

★ Mengenbotschaften (Zeigen Sie Dimensionen bildlich. Wie viele Ihrer Produkte haben seit Firmengründung Ihr Unternehmen verlassen? Wenn man diese Dinge aneinander reihen würde, sind sie dann zum Beispiel so lang wie die Chinesische Mauer?)

★ ... wenn Sie solche Mengenbotschaften senden, warum dann nicht gleich öffentlich zelebrieren (Familie Maier erwirbt das 1000. Haus der Fa. x/y. Unser Bundeskanzler überreicht den Gewinn für tollen Familienurlaub.)? Einen Bundeskanzler, den Sie sich gut leisten können, bekommen Sie übrigens in einer *Doppelgängeragentur*. Jetzt kommen Ihnen zu diesem Stichwort sicher noch zahlreiche weitere kreative Ideen.

Mit diesen Botschaften gehe ich an die Presse. Notieren Sie hier konkrete Pressemeldungen, die Ihnen bei den angeführten Anregungen spontan in den Sinn kamen. Nicht vergessen: Auch eine kleine Meldung kann ein entsprechender Erfolg sein. Es zählen sowohl Botschaften, die schon vorhanden sind, als auch Dinge, die Sie künftig ins Leben rufen möchten:

_____

_____

_____

_____

_____

_____

Auch Leserbriefe Ihrerseits sind ein mächtiges Netzwerk- und Marketing-instrument. Sie können damit nicht nur Kompetenz zeigen, sondern haben hier zudem die Möglichkeit die Belange Ihrer Zielgruppe zu unterstützen. Nutzen Sie dieses Instrument bitte nicht vorrangig (wie die meisten ande-ren Leserbriefschreiber) um Kritik zu üben. Halten Sie es „AAG" und loben Sie doch mal in Ihren Leserbriefen erfolgreiche Vorhaben! Hier finden wir wieder die Sunshine-Zauberbrille von Kapitel 1 – viel Erfolg damit!

„Je weniger Geld man ausgeben möchte,
desto mehr Ideen braucht man."

Ein Trick für Sie – fast schon fernsehreif

Präsentieren Sie drei dicke Fachbücher aus Ihrer Branche. Es können übrigens auch witzige Assoziationen zur Branche dabei sein (z. B. „Deutsches Recht", das „Marketinglexikon" und „Die schönsten Hotels Bayerns"). Sie lassen sich eine dreistellige Zahl vom Publikum zurufen, führen eine faire Mini-Rechenope-ration aus und erhalten dabei eine vierstellige Zahl. Die Zahl beschreibt eine Buchseite samt Zeile, die der Zuschauer in dem von ihm gewählten Buch aufschlagen darf. Da diese drei Werke zum Grundwissen eines guten Mitarbeiters in Ihrem Unterneh-men zählen, kennen Sie diese angeblich in- und auswendig. Zur Verblüffung Ihrer Zuschauer können Sie das gewählte Wort so-fort nennen.

Was Sie brauchen   Drei Bücher, Zuschauer, Zettel + Stift, noch besser ein Flipchart.

Zur Darbietung   Holen Sie einen Zuschauer zu sich nach vorn. Er soll sich von ei-nem anderen Zuhörer frei eine dreistellige Zahl nennen lassen.

Diese schreibt er auf das Flip. Darunter soll er die umgekehrte Reihenfolge dieser Zahl schreiben. **Die kleinere von beiden wird von der größeren abgezogen.**
Wieder wird die umgekehrte Reihenfolge dieser Ergebniszahl darunter geschrieben. Diesmal werden beide Zahlen jedoch addiert.

Beispiel

Die zugerufene Zahl ist	723
Umgedreht also	<u>327</u>
Subtrahiert	= 396
Umgedreht	<u>693</u>
Addiert	**= <u>1089</u>**

Das Ergebnis ist in diesem Fall 1089 – und das Tolle daran: **in jedem anderen Fall auch!**
Sie lassen den Zuschauer eines der drei präsentierten Werke wiederum frei auswählen. Er soll nun, da das Buch keine 1089 Seiten hat, einfach die Seite 10 aufschlagen, dort die achte Zeile suchen und in dieser das neunte Wort suchen. Dieses können Sie sofort frei nennen. Natürlich könnten Sie auch die Seite 108 aufschlagen lassen und die 9 Zeile wählen lassen, deren Inhalt Sie sogleich kundtun.

So geht's Klar, die Zahl ist bei diesen Rechenschritten immer dieselbe. Ihr Job ist es lediglich die drei Worte bzw. drei Sätze der verschiedenen Bücher zu kennen. Viel Spaß bei Ihrem Entertainment!

Weitere Idee Als Lehrlingsausbilder sollten Sie damit Ihrem Nachwuchs nachhaltig im Gedächtnis bleiben. Zeigen Sie drei Bücher, die ein Meister seines Faches auf jeden Fall auswendig beherrschen sollte, und treten Sie mit dem angeführten Kunststück den Beweis an. Wie Sie das Ganze mit einem Augenzwinkern verkaufen, bleibt natürlich ganz Ihnen überlassen.

Schlüsselbegriffe:
★ ein Topverkäufer kennt alle Kunden der Region (Telefonbuch statt normales Buch)
★ neue Schnelllesetechnik

★ Zeit ist Geld
★ Wissen ist Macht (nichts wissen macht nichts)
★ Gedächtnistraining
★ neue, mentale Buchröntgentechnik ...

Zurück zum Pressethema Und da Sie jetzt schon einmal mit den Medien zu tun haben, halte ich es für besonders wichtig kurz einige Tipps zur Krisen-PR niederzuschreiben. Kaum eine gute Pressearbeit vermag im Ernstfall das gutzumachen, was Sie mit nur einer falsch angegangenen Krisen-PR innerhalb von Minuten zerstören können. Sehr schnell kann hier das Freundbild Presse zum Feindbild werden. Dazu einige Kurztipps:

Krisen-PR

(Mitarbeiterentlassungen, Großbrand, Betriebsunfall etc.)

⚡ **Reagieren Sie schnell.** Ein kompetenter „Krisensprecher" Ihres Unternehmens sollte möglichst lange vor dem ersten Presseanruf feststehen. Werden Sie selbst von Ihrer Seite aktiv und informieren Sie die Presse – gute Informationen sind besser als schlechte Gerüchte!

⚡ **Informieren Sie Ihre Mitarbeiter.** Mitarbeiter können die besten und schlechtesten Botschafter für Ihr Unternehmen sein – besonders, wenn sie selbst nicht gut informiert sind. Da sie selbst im Unternehmen arbeiten, wird gerade bei einer Krise ihrem Wort schweres Gewicht beigemessen.

⚡ **Geben Sie der Situation Gewicht.** Scheinbare Arroganz oder Gleichgültigkeit schaden dem Unternehmen oft mehr als die Krise selbst.

⚡ **Suchen Sie Verbündete.** Setzen Sie auf „Partner", die positive und glaubwürdige Aussagen zum Hergang der Krise bzw. zu Ihrer Firma allgemein machen können (z. B. Umweltbeauftragter, Feuerwehrmann, Bürgermeister, Tierschützer etc.).

„Krise ist ein produktiver Zustand, man sollte ihm
nur den Beigeschmack der Katastrophe nehmen."

Wichtige Tipps zum Umgang mit Journalisten

★ Informieren Sie wahrheitsgemäß, klar und eindeutig.
★ Heben Sie nicht ständig Ihr Unternehmen hervor und sprechen Sie nicht namentlich schlecht über Ihre Wettbewerber.
★ Lassen Sie sich nicht provozieren, seien Sie höflich und niemals arrogant.
★ Nehmen Sie sich Zeit für Journalisten – es sind mit die wichtigsten Menschen für Sie.
★ Bieten Sie aktive Rechercheunterstützung (Text- und Bildmaterial, Untersuchungsergebnisse, repräsentative Aussagen, weitere Ansprechpartner in Ihrem Hause etc.).
★ Bleiben Sie am Ball – bauen Sie Ihr persönliches und freundschaftliches Presse-Netzwerk auf.
★ Zeitungsjournalisten bevorzugen eher Vormittagstermine, weil Sie möglicherweise den Bericht noch am gleichen Tag schreiben können. Außerdem sind auch Redakteure froh, wenn sie mal einen Abend zu Hause verbringen können.
★ Versuchen Sie nie einen Journalisten zu bestechen – doch kleine Aufmerksamkeiten erhalten die Freundschaft!
★ Bei Meinungsverschiedenheiten nach einer Veröffentlichung suchen Sie im eigenen Interesse das persönliche Gespräch. Unterlassen Sie Drohungen und bevorzugen Sie Lösungen, die von einer Gegendarstellung abweichen.

Kapitel 7

Mehr Zeit – (k)eine Zauberei

Frage: „Warum sind einige Verkäufer erfolgreicher als andere?"
Antwort: „Weil sie mehr Kundenkontakte haben als der Durchschnitt!"
Dies ist meist darin begründet, dass sie effektiver arbeiten und gleichzeitig sowohl beruflich als auch privat intensiver leben. Genau dies gilt es mit nachfolgenden magischem Zeitmanagement zu verwirklichen.

Die Draufsicht oder: Ihr Lebensbaum

Vollkommen richtig, Ihre Annahme: „Jetzt schreibt da einer ein Buch, begeistert mich für Pressearbeit, Netzwerkentertainment, ‚AAG' sein und vieles andere – das alles kostet doch Zeit, woher nehmen, wenn nicht stehlen?"

In diesem letzten Kapitel werde ich Ihnen die Zeit dafür geben. Erfolgreiches Zeitmanagement sollte für eine Entertainment-Persönlichkeit an erster Stelle stehen. Deshalb war es mir wichtig, dieses Kapitel auch besonders ausführlich und praxisnah zu schreiben. Wiederum möchte ich hier unter anderem auf Randgebiete des Zeitmanagements aufmerksam machen. Eine Mischung von Ideen, die in dieser Form völlig neu sind, und Dingen, die Sie vielleicht schon gehört haben. Beide zusammen haben nur ein Ziel – Ihnen künftig noch mehr Zeit für wichtige Aufgaben zu geben.

Erfolgreiches Zeitmanagement beginnt bei mir wortwörtlich an den Wurzeln. Bevor wir mit Werkzeugen um uns schlagen, sollte jeder seine IST-Situation bewusst in Frage stellen. Diese IST-Situation nenne ich Lebensbaum. Dieser ist als so genanntes MindMap aufgemacht, eine hervorragende Aufzeichnungsart, die ihre Ursprünge im uns bekannten Stammbaum hat (Literaturhinweise zum Thema MindMapping im Anhang). Bevor Sie Ihren eigenen Lebensbaum aufstellen, hier ein fiktiver Lebensbaum, um Ihnen die vielfältigen Zweige aufzuzeigen.

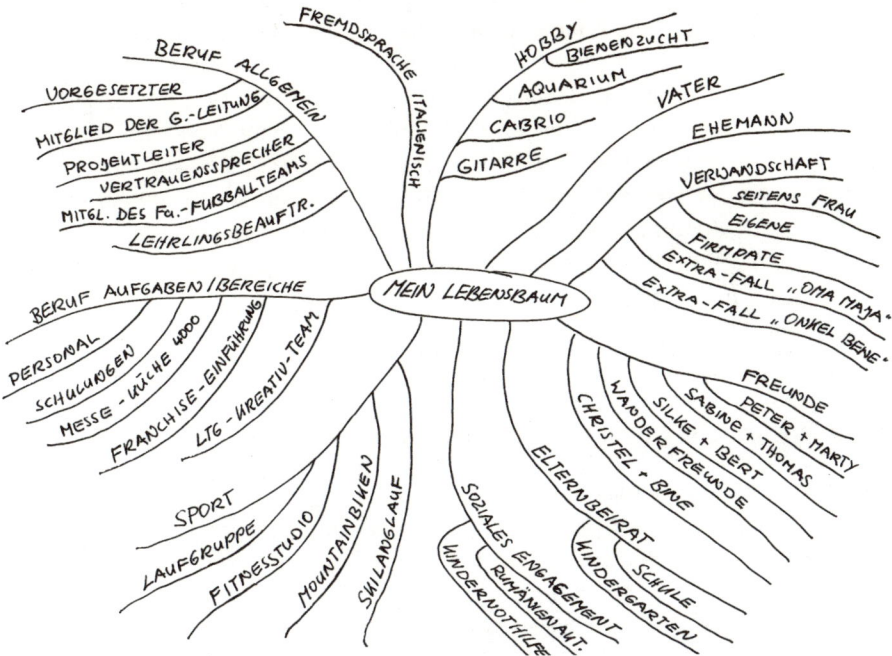

Ein Musterlebensbaum. In jedem meiner Seminare habe ich Teilnehmer, die im ersten Moment am Nutzen der detaillierten Aufstellung ihres Lebensbaumes zweifeln. Doch wenn sie später Ihre eigene „Draufsicht" sehen, gewisse Dinge hinterfragen und handeln, sind sie begeistert.

Doch jetzt geht es an Ihren eigenen Lebensbaum. Trauen Sie sich sämtliche Ihrer Lebensäste aufzuzählen.

Einerseits sind Sie Lebenspartner für einen anderen Menschen, Sie haben Verpflichtungen gegenüber Eltern, fungieren selbst in einer Vater- oder Mutterrolle usw. Als Eltern tragen Sie zudem meist die Äste eines „Transportunternehmens" als Fahrer der Kinder. Zählen Sie auch Äste wie Musikschule, Fußballtraining, Ballett Ihres Nachwuchses auf, für dessen Koordination Sie zuständig sind. Denken Sie an Ihre Freunde und führen Sie diese namentlich auf, zeichnen Sie ruhig auch Zwischenäste ein. Denken Sie an Ihre direkten und weitläufigen Verwandten. Beschreiben Sie Ihre berufliche Situation, führen Sie Projektgruppen, Vorgesetztenfunktion, Mittlerfunktionen, Vertrauensämter, Sonderdienste, Aufsichtsratsposten, soziale Engagements, Ehrenämter etc. auf. Gehen Sie ruhig auch unstrukturiert vor und ordnen Sie je nach Gedankeneingang auch Ihren Hobbys bzw. Freizeitbeschäftigungen Äste zu. Untergliedern Sie, wo möglich, auch in Unterzweige. Aus dem allgemeinen Zweig Sport entstehen z. B. die Äste Laufgruppe, Golf und Segeln. Je mehr Sie differenzieren, umso größer später Ihr Erfolg.

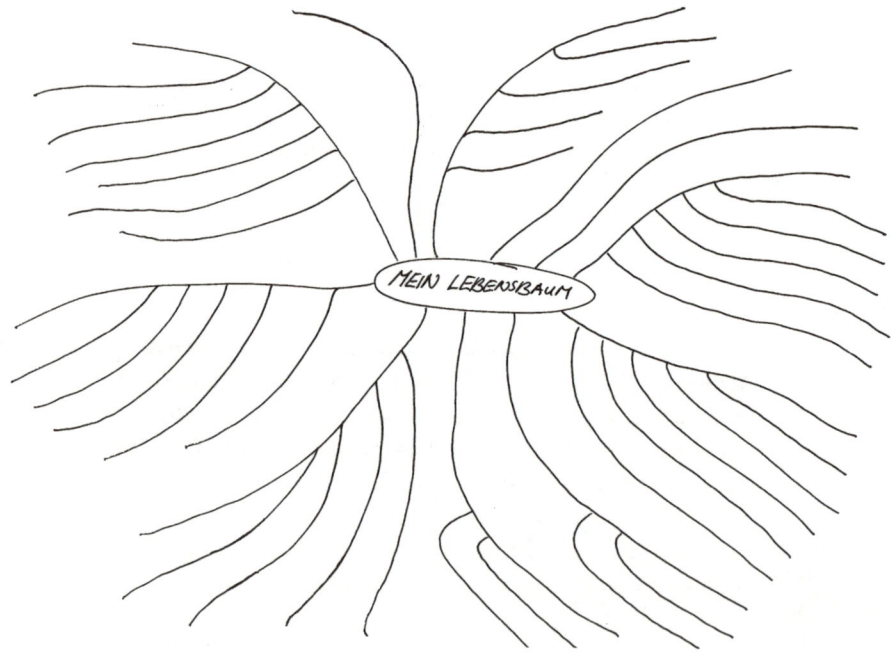

Der eigene Lebensbaum

 Gut so, sind Sie wirklich sicher, nahezu alle Äste Ihres Lebens vor Ihnen zu sehen? Dann gehen Sie bitte an jeden Lebensast und „bewerten" ihn mit einem der nachfolgenden drei Smileys. Dies sollte flott, spontan und aus dem Bauch heraus geschehen. Zeichnen Sie zu jedem Ast kurz einen dieser Smileys.

☺   ☺   ☹

positives   neutrales   eher negatives
Gefühl   Gefühl   Gefühl

So modellieren Sie sich Ihren Traum-Lebensbaum

1. Schritt Sehen Sie sich die Äste mit „eher negatives Gefühl" und „neutrales Gefühl" noch einmal an. Dies sind vermutlich Dinge, die Ihnen nicht richtig Freude bereiten. Nehmen Sie symbolisch eine große Astschere und **asten Sie aus**, wo möglich. Denken Sie daran: *Jeder Ast, den Sie bewusst herausschneiden, bringt Ihnen effektiv Zeit.* Ein Beispiel: Muss ich mich wirklich alle acht Wochen zum Besuch der Verwandten x/y zwingen? Vielleicht geht es denen ja genauso. Dann lieber ein offenes Wort bezüglich des eigenen Zeitplanes und ein ehrliches Treffen zwei Mal im Jahr.

2. Schritt *Delegieren Sie Äste.* Einige Äste lassen sich auch gut delegieren. Trauen Sie sich, anderen Mitverantwortung abzugeben. Vieles hat sich vielleicht nur eingebürgert, z. B. dass Ihre Eltern einen extremen Fokus auf Sie entwickelt haben. Immer wieder höre ich in meinen Seminaren Botschaften wie: „Wenn meine Mutter was braucht, ruft sie immer bei mir an und das fast jeden Tag." Nehmen Sie hier beispielsweise auch Geschwister in die Verantwortung, besprechen Sie die Situation mit der Mutter und/oder (hier eine der witzigsten Stresslöser-Ideen aus einem Seminar zu diesem konkreten Fall) ... kaufen Sie Ihrer Mutter einen Hund!

3. Schritt *Überprüfen Sie auch die Äste mit dem „positiven Gefühl".* Viele sind verliebt in gewisse Tätigkeiten bzw. Hobbys und verrennen

♥Riesenbäume aus den USA, die bis zu 3000 Jahre alt werden

sich darin zeitlich. Der Lebensast „Familie" kann beispielsweise durchaus mit dem liebenswerten Ast „Modellflugzeuge" kollidieren. Wenn ein Feierabend stets im Bastelkeller endet und die Kinder den Papa freudestrahlend nur von der Flugschau am Wochenende kennen, sollten Sie auch diesen Ast zumindest kürzen.

Der von mir kreierte Lebensbaum ist ein sehr effektives Controllinginstrument für die Lebensprioritäten. Diese sind natürlich stetigen Wandlungen unterworfen. Deshalb bietet es sich an, einen solchen Lebensbaum mindestens einmal im Jahr aufzustellen. Sie werden überrascht sein, wie Ihr nächster Lebensbaum aussieht, und auch an ihm werden Sie wieder korrigieren – eben wie ein guter Gärtner, der seinen Traumbaum über viele Jahre gestaltet.

Grundsätzlich: Je mehr Äste Sie tragen, umso mehr schwächen Sie die einzelnen Äste. Oder wie der Volksmund sagt: „Keiner kann auf 20 Hochzeiten gleichzeitig tanzen." Denken Sie daran, sowohl Sie als auch ich sind keine Sequoias.♥

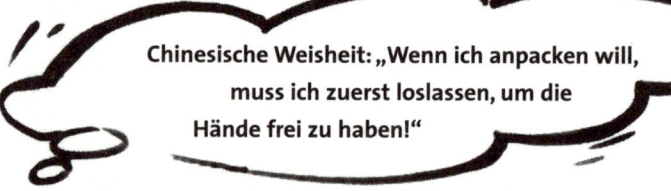

Chinesische Weisheit: „Wenn ich anpacken will, muss ich zuerst loslassen, um die Hände frei zu haben!"

Zauberbox-Kunststück:
Wenn selbst harte Kunden schwach werden ...
Zu den besten Kunststücken zählen die, bei denen Sie Zuschauer aktiv in das Geschehen mit einbinden – wie zum Beispiel mit diesem Allround-Block. Dabei handelt es sich um einen schlichten Block weißer Notizzettel, der jedoch weitaus mehr in sich hat, als die Betrachter annehmen ...

Das erlebt der Zuschauer

Sie erklären Ihren Zuschauern, dass es wohl immer noch Kunden geben soll, die nicht Ihr Produkt nutzen, sondern das eines Mitbewerbers. Das liege jedoch meist daran, dass sie Ihr Produkt noch gar nicht kennen. Allein schon der Anblick Ihres Produktes reiche aber aus, dass die Kunden stets *wortwörtlich schwach werden* und nicht widerstehen können.

Diese Behauptung möchten Sie natürlich gleich im nachfolgenden Experiment mit einem Zuschauer beweisen. Sie reißen vom Block einfach das oberste Blatt ab und bitten den Zuschauer dasselbe zu tun. Beide stehen nun mit einem kleinen Papierblatt in der Hand nebeneinander. Sie bitten nun den Zuschauer Ihren Handlungen zu folgen, und falten das Blatt zweimal jeweils in der Mitte. Der Zuschauer macht das Gleiche. Jetzt kommt der Beweis. Sie halten nun dem Zuschauer nur kurz Ihr Produkt unter die Nase (oder zeigen ihm das Titelblatt Ihres Prospektes) und schon wird der Kunde wortwörtlich schwach. Sie beginnen nun Ihr Papierblatt zu zerreißen und bitten den Zuschauer das Gleiche zu tun. Freundschaftliches Gelächter wird ausbrechen, bis auch der Letzte in der Zuschauerreihe bemerkt, dass Ihr Mitspieler verzweifelt versucht sein Papierblatt zu zerreißen, und es einfach nicht schafft!

Der Trick dabei Jedes zweite Blatt dieser Spezialanfertigung eines Blockes, der für zahlreiche Vorführungen ausreicht, ist ein Kunststoffpapier und kann praktisch nicht zerrissen werden.

Tipp Das zweimalige Falten des Blattes führe ich bewusst aus, da es immer wieder Gewalttäter gibt, die bei einem geöffneten Blatt nicht nur mit rohen Kräften reißen, sondern aus lauter Verzweiflung sogar mit den Zähnen nachhelfen. Natürlich reißt dann auch irgendwann Kunststoffpapier ein. Das Falten beugt dieser Aktion vor ... und „rien ne va plus" bzw. nichts geht mehr!

Schlüsselbegriffe:
★ Blitzhypnose
★ Einfluss durch Worte
★ mentaler Einfluss
★ schwere Arbeit
★ gesunde Ernährung
★ Auswirkungen Elektrosmog
★ Veganer

★ Einstellungstest
★ Fitnesstest
★ Betriebssport
★ Zweikampf ...

Das BGJ+ – das besondere Berufs-Grundschul-Jahr

„Zeit ist das am demokratischsten verteilte Kapital der Welt." Wir alle haben 24 Stunden pro Tag zur Verfügung, keiner mehr, keiner weniger. Daher ist Zeitmanagement, richtig formuliert, eigentlich Prioritätenmanagement. Spontan fallen mir an dieser Stelle einige Führungskräfte ein, die trotz ihres überfüllten Terminplanes plötzlich doch relativ viel Zeit zur Verfügung hatten. Die „Prioritätenmotoren" in diesen Fällen sind nicht selten weiblich und nahe an den Idealmaßen. Ganz klar: Hier ist gerade etwas anderes besonders wichtig geworden. (Interessanterweise hält uns unsere Kommunikationsweise da einen Spiegel vor: Der neue Begriff „Lebensabschnittsgefährte" spricht für sich ...)

Das neue Zeitmanagement Das „BGJ+" soll von meiner Seite aus die Basis des „neuen Zeitmanagements" symbolisieren. Die älteren Zeitmanagement-Methoden liefen nach folgendem Schema: „Ich habe als Manager eine 60-Stunden-Woche – mit welchen Zeithebeln wuchte ich noch einmal zusätzlich 10 Stunden rein, ohne dass es auffällt?!"

Sie schmunzeln, dieses System funktioniert sogar. Vor allem in einer Gesellschaft, in denen noch der Großteil der Mitarbeiter nach Anwesenheitszeit im Betrieb befördert wird, anstatt die wirkliche Effektivität zu beurteilen. Meist geht das Ganze je nach körperlicher und partnerschaftlicher Robustheit 5 bis 15 Jahre gut. Doch irgendwann platzt die Bombe. Wir haben inzwischen eine Invasion an Rückenproblemen bei Dauerschreibtischtätern, eine unglaubliche Steigerung der Depressions- und Suizidquote, ein um über 10 Jahre niedrigeres Durchschnittsalter bei Herzinfarkten, eine Statistik, die zeigt, dass jeder zweite deutsche Manager heute beim Thema Ehescheidung mitreden kann und vieles mehr.

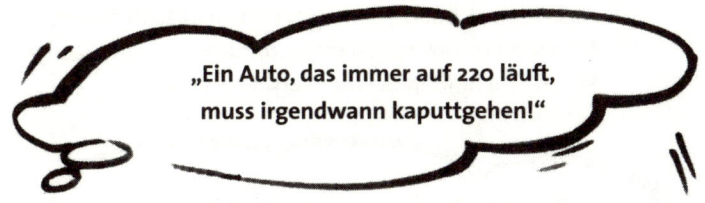

„Ein Auto, das immer auf 220 läuft, muss irgendwann kaputtgehen!"

Verstehen Sie mich hier bitte nicht falsch: Es geht nicht darum aus Business künftig eine Privat- und Freizeitparty zu machen. Vielmehr wollen wir so effektiv wie möglich arbeiten. Spitzenzeiten müssen auch künftig mit Überstunden abgedeckt werden – doch es muss uns klar sein, dass langfristiger Erfolg nach mehr verlangt. Die Basis dafür ist das BGJ+, also ein langfristiges Eingestehen, dass Zeitmanagement nur in Balance mit den Bereichen **B**eruf, **G**esundheit, **J**ob und dem **+** zu erreichen ist. + steht dabei symbolisch für Spirit & Soap. Spirit (Geist) steht für unsere Werte. Soap steht für die Seifenoper, oder scheinbar Nutzloses. Es tut einfach gut, mal etwas nicht in einen Zeitplan zu pfropfen. Etwas ohne vorrangigen Sinn oder Ziel auszuprobieren. Einfach zu lachen oder nach Feierabend mit den Kindern und mit dem Hund am Boden zu balgen. Auch als Erwachsener ein Mickey-Maus-Heft zu lesen, sich über den eigenen Sturz am Wasserskilift zu amüsieren oder beim Kirschkernweitspucken zu verlieren.

Lehrlings-ausbildung als Impuls

Die Idee zu „ BGJ+" kam mir übrigens beim Betrachten des Ausbildungsweges der Schreiner im Allgäu. Diese absolvieren zuerst ein Berufs-Grundschul-Jahr in der Schule, bevor sie später in den Betrieb gehen. Sie lernen Grundsätzliches über die Holzarten, deren Berechnung und den Umgang damit. In unserem Berufsleben schaut es meist ganz anders aus. Wir werden im neuen Job ins kalte Wasser geworfen. Man wühlt sich bis zur Rente durch ... und später, wenn wir mit unseren Enkeln am Lagerfeuer sitzen, wird uns klar, dass ein besonderes Berufs-Grundschul-Jahr am Anfang unserer Karriere womöglich unser Leben verändert hätte. Ein Berufs-Grundschul-Jahr, in dem man uns die wahren Gesetze im Umgang mit der Lebenszeit näher gebracht hätte. Viele Jahre sind wir gerannt, ohne zu wissen warum und wohin. Hier gilt der Dank allen meinen Lehrern,

Ausbildern, Förderer, meiner Familie und auch meinen Seminarteilnehmern, die mich dieses Grundprinzip glücklicherweise schon in sehr jungen Jahren erkennen ließen.

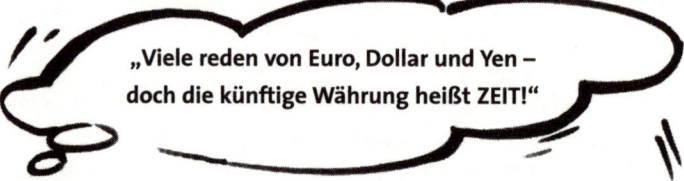

„Viele reden von Euro, Dollar und Yen –
doch die künftige Währung heißt ZEIT!"

Wie schätzen Sie *spontan* Ihre *derzeitige Situation* ein? Sie haben für alle vier Punkte insgesamt 100 Prozent „Energie" zu vergeben.

Hier liegt derzeit prozentual mein Schwerpunkt, spontan eingeschätzt:

Das BGJ+:

B = Beziehung	>_____ %
G = Gesundheit	>_____ %
J = Job	>_____ %
+ = Spirit (Sinn & Soap)	>_____ %

Und wie ist Ihre spontane innere Antwort?

♪ Meine oben angeführte Prioritätenverteilung halte ich für *optimal!*

☂ Ich erkenne *Handlungsbedarf* –
folgende Gedanken gingen mir spontan durch den Sinn, das möchte ich ändern:

_____

_____

_____

Nachgedanken: Grundsätzlich dominiert je nach Lebensabschnitt meist ein Bereich die anderen. Langfristig ist es jedoch wichtig das BGJ+ ganzheitlich zu pflegen. Die Reihenfolge der

Aufstellung „Beziehung – Gesundheit – Job" wurde übrigens willkürlich von mir festgelegt. Was mir erst später bewusst wurde, ist die Bedeutung des Wortes „Beziehung" an erster Stelle. In schweren Krankheitsfällen oder auch in Extremsituationen wie Todesangst können wir diese Priorität nur noch untermauern. Was uns dann Überlebensenergie gibt, sind Freunde, Partner und die Familie, eben Beziehungen – auch wenn diese dann vielleicht nur in Gedanken bei uns sind.
Jetzt spüre ich förmlich, wie Sie sehr nachdenklich lesen. Stimmt, das BGJ+ ist eines der stärksten Werkzeuge, die es gibt, und eigentlich weder witzig noch lustig. Doch auch das gehört zum Entertainment dieses Buches. Wenn Sie alte Zeichnungen von Clowns ansehen, merken Sie, dass diese nicht unbedingt immer lachen. Der Clown ist ursprünglich eine Figur, die hinterfragt, und das Lachen, Weinen und Staunen auf eine Ebene bringt. Damit sind wir jetzt an einem Punkt, wieder etwas Freude ins Spiel zu bringen mit einem netten Schmunzel-Kunststück.

Der Sekretär-Test
Bewusst weise ich dieses Kunststück nicht als Sekretärinnen-Test aus, da diese meist von Haus aus vieles ertragen müssen! Außerdem gehören sie, wie bereits im Telefonmarketingkapitel beschrieben, zu unseren besten Verbündeten.
Erzählen Sie ruhig eine Geschichte von der Geschäftsinhaberin, die unter zahlreichen Bewerbern den besten Sekretär herausfinden wollte. Sie stellte jedem einzelnen Anwärter die Aufgabe zwei Büroklammern miteinander zu verketten. Einzige Bedingung war, dass niemals beide Klammern gleichzeitig berührt werden dürfen. Sie können hier auch Ihr Umfeld etwas knobeln lassen, bevor Sie die erstaunliche Lösung präsentieren.

Was Sie brauchen zwei Büroklammern, eine Zeitschrift (oder ein Blatt Papier).

Zur Lösung Nehmen Sie die Zeitschrift zur Hand, die eigentlich eher nebensächlich auf dem Tisch liegen sollte. Reißen Sie sich einen Längsstreifen von einer Seite ab (darf ruhig gerissen werden, Sie benötigen nur *eine* gerade Kante – Streifenbreite fünf bis zehn Zentimeter). Nun legen Sie den Papierstreifen wie in der nachstehenden Zeichnung zu einer Art Acht. Nehmen Sie jeweils einzeln eine Büroklammer und stecken Sie diese an die bezeichnete Stelle. Wenn Sie jetzt an den Enden des Papierstreifens langsam ziehen, verketten sich schließlich die beiden Klammern und springen vom Band.

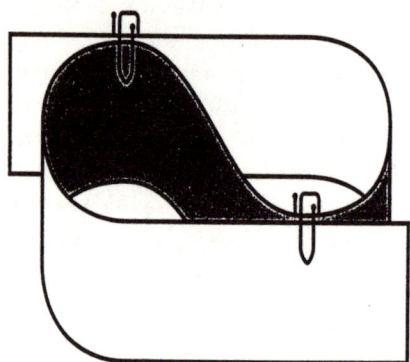

Was Sie beachten sollten Ziehen Sie nicht zu schnell, damit die Büroklammern nicht schon vorher vom Papierstreifen hüpfen. Die Klammern sollten langsam und parallel aufeinander zulaufen, damit sie sich sauber verketten.

Schlüsselbegriffe:
★ Einstellungstest
★ Intelligenztest
★ Wette
★ Hochzeit, Hand in Hand
★ Verkettung unglücklicher Umstände
★ Hightech-Büroklammern
★ Bürozirkus live präsentiert
★ Fusionsstory ...

Sieben elfengleiche Zeitspartipps

1. Zielplanung als Priorität – der kürzeste Weg zwischen zwei Punkten ist die Gerade
2. Disziplinieren Sie einen der größten Zeitfresser – Besprechungen
3. Analysieren und beseitigen Sie Ihre „Störfaktoren"
4. Clever vorbereiten – listen Sie abends mit der APFEL-Methode Ihre Aufgaben für den nächsten Tag auf
5. Organisieren Sie Ihren Arbeitsplatz, entwickeln Sie Systeme – Ihr bester Freund sollte der Papierkorb sein
6. Nutzen Sie aktiv einen der größten Zeithebel – delegieren
7. Entdecken Sie große Zeitfresser – Ihre Gewohnheiten

1. Zielplanung als Priorität „Wer nicht weiß, wo er hin will, braucht sich nicht wundern, wenn er ganz woanders ankommt", so ein Sprichwort. Die meisten Menschen wissen genau, was sie *nicht* wollen. Die wenigsten wissen jedoch, was sie wollen, so der Umkehrschluss aus der Praxis. „Ich mag nicht arbeitslos werden, möchte nicht krank werden, könnte es nicht ertragen, wenn mich meine Partnerin verlassen würde usw", so zahlreiche Antworten auf die Frage nach Zielen. Meine Erfahrung diesbezüglich – Menschen mit zu vielen dieser Negationen im Kopf haben meist keinen Sinn mehr für positive Ziele. Sie bleiben begrenzt durch ihre eigenen Ängste. Sollten Sie selbst zu solchen „Ich weiß, was ich *nicht* will"-Antworten tendieren – machen Sie sich frei davon! So geht's: Aus der negativen Formulierung „Ich möchte nicht arbeitslos werden" sollte ein positives Ziel formuliert werden. Grundlage dazu ist die Frage: „Was muss ich tun, damit ich für den Markt interessant bleibe?" Aus „Ich möchte nicht krank werden" entspringt die Frage „Was konkret kann ich für meinen Körper kurz-, mittel- und langfristig Gutes tun?" Die Angst, dass mich mein Partner verlassen könnte, wird relativiert, wenn ich mir die Frage stelle, wie ich für meinen Partner attraktiv bleibe usw. Viele positiv formulierte Fragen also, die nach konkreten Zielmaßnahmen verlangen.

Grundsätzlich Zielplanung bedarf der Schriftlichkeit. Weg von „Wischiwaschi-Zielen" hin zu Realzielen. Das heißt, Ziele müssen eindeutig formuliert, messbar und damit planbar und realistisch sein. Zudem sollten Sie Ihre Ziele vernetzen bzw. in Teilziele untergliedern. Aus einem großen 5-Jahres-Ziel muss sich ein jeweiliges Jahresziel, ein Monatsziel, evtl. sogar ein Wochenziel ableiten.

Konkret Das Ziel „Ich möchte gesund bleiben" ist nahezu gleichbedeutend mit dem Wunsch „Ich möchte nicht krank werden". „Gesund bleiben" allein ist verschwommen und kaum umsetzungserfolgreich. Es geht darum sich so konkret wie möglich festzulegen. Zum Beispiel: „Ich gehe künftig zweimal die Woche zum Laufen, jeweils Dienstag und Freitag abends, ab 19 Uhr für 30 Minuten. Ich beginne damit nächste Woche und werde mir noch diese Woche ein Paar Laufschuhe und ein Pulsgerät besorgen. Ich laufe in einem Pulsbereich zwischen 120 und maximal 140. In einem halben Jahr möchte ich mich auf 40 Minuten Laufzeit steigern. Ich bespreche das Ganze mit meiner Familie, vielleicht läuft meine Frau auch mit? Obendrein kann ich eventuell auch meinen Nachbarn dafür begeistern. Wenn keiner mitläuft, beginne ich auch allein."

Klingt vielleicht schon etwas übertrieben, aber eines kann ich Ihnen versprechen: Der Mensch, der dieses Ziel so formuliert hat, läuft. Manchmal tut es auch gut, den *Eigendruck etwas zu erhöhen*. Das können Sie, indem Sie beispielsweise richtig teure Laufschuhe kaufen. Es muss einfach richtig weh tun, wenn diese in der Ecke stehen. Zudem können Sie Bekannten und Freunden von Ihrem Vorhaben berichten – so richten Sie ein kostenloses Controlling ein. Ich bin mir sicher, diese Menschen werden Sie wieder darauf ansprechen.

Das Ziel „Ich möchte mal ein Wohnmobil haben" ist ebenfalls verschwommen. Wann möchten Sie welches Wohnmobil haben? Gebraucht oder neu? Was darf es kosten? Wie viel müssen Sie jeden Monat auf die Seite bringen, damit Sie sich dieses Fahrzeug in fünf Jahren leisten können? Was können Sie sich dafür momentan nicht leisten? Ist dieses Ziel auch ein ansprechendes Ziel z. B. für Ihre Frau, oder hasst sie vielleicht das Campen und steht auf Cluburlaube?

„Beruflich erfolgreich sein", wieder ein ungenaues Ziel. Was bedeutet das konkret für Sie? In welchem Unternehmen in welcher Position möchten Sie stehen? Was wollen Sie verdienen? Geht es um ein Angestelltenverhältnis oder um Selbständigkeit? Um das Ganze z. B. in fünf Jahren zu erreichen, was müssen Sie dafür jetzt tun? Gibt es Fortbildungen, die Sie besuchen müssen? Brauchen Sie dazu einen Meistertitel, Fremdsprachen, besondere Führungskompetenzen? Welche Erfolge müssen Sie innerhalb von zwei Jahren vorweisen, um überhaupt für einen Aufstieg in Betracht zu kommen? Brauchen Sie konkrete Umsatzzahlen oder Erfolgsprojekte etc.?

Sie sehen, wie detailliert ich Sie zu einer Zielvereinbarung mit sich selbst bringen möchte. Speziell in meinen Seminaren bietet es sich zudem an, „Zielpatenschaften" zu bilden. Bei diesen Zielpatenschaften ruft der eine Teilnehmer den anderen nach einer gewissen Zeit an und fragt, ob dieser seiner Zielplanung in bestimmten Punkten noch treu ist. Nicht selten werden sogar untereinander Wetten mit beiderseits motivierenden Einsätzen abgeschlossen – eine klasse Idee!

Meine eigenen Ziele – denken Sie an alle Bereiche: B = Beziehung (darunter auch private Anschaffungen), G = Gesundheit (dazu gehört auch gesunde Ernährung, Stress, Ärger etc.), J = Job und + = Spirit & Soap. Bitte so konkret wie möglich:

B=_____

_____

G=_____

_____

J= _____

_____

+= _____

_____

Geht's noch konkreter?

**Trinken Sie doch mal einen Kaffee
aus Ihrem Pocket-PC oder Palm:**
Immer mehr Geschäftsleute verwalten ihre Termine mit einem
Pocket-PC oder Palm. Ganz klar, dass dieser Bereich damit
auch zu meiner zauberhaften Recherche zählt, und ich möchte
Ihnen jetzt schon verraten, dass ich im WorldWideWeb fündig
wurde.
Unter www.hottrix.com finden Sie unterhaltsames Entertain-
mentwerkzeug oder so genannte Eisbrecher für Ihren kleinen
Helfer. So können Sie sich beispielsweise ein Mentalkunststück
mit drei Spielkarten downloaden, das sicher Ihre Zuschauer be-
eindrucken wird. Ein optisches Highlight stellt vor allem der
Palm oder PC als Kaffeemaschine dar. Sie drücken auf „Brühen"
und tatsächlich füllt sich Ihr Mini-PC von unten nach oben optisch mit schwarzem Kaffee. Doch jetzt kommt der Höhepunkt.
Sie halten den Palm schräg an Ihre Lippen (als ob Sie aus einer
Tasse trinken würden) und die Flüssigkeit scheint in Ihren
Mund zu laufen und verschwindet langsam auf dem elektroni-
schem Zeitplansystem! Übrigens war die Sache mit dem Kaf-
fee-Download nicht nur witzig, sondern auch noch kostenfrei.
Dafür laden Sie gleichzeitig eine kleine Werbung für eine italie-
nische Kaffeebar herunter, was ich jedoch wiederum für clever
halte ... würden wir doch genauso machen.

Schlüsselbegriffe:
★ gewöhne mir gerade das Kaffeetrinken ab
★ schneller als die Sekretärin
★ wetten, dass innerhalb 15 Sekunden alle auf mich schauen
★ Chef hat uns das echte Kaffeetrinken am Arbeitsplatz ver-
    boten ...

**2. Zeitfresser
Besprechungen**
Meetings werden immer wieder von Führungskräften und Mitarbeitern als größte Zeitdiebe genannt. Das sollten Sie sich vor
jeder Besprechung fragen:

★**Ist diese Besprechung wirklich notwendig?** Keine 800-Euro-
    Entscheidung mit einer 2000-Euro-Personalanwesenheit!
    (Alternativen prüfen: Telefonkonferenz, Rundbrief etc.)

★ **Wie kann die kleinste und effektivste Teilnehmerrunde aussehen?**

★ **Müssen alle Teilnehmer durchgängig anwesend sein?** (evtl. später einladen/früher entlassen)

★ **Gibt es eine Tagesordnung und ist diese den Teilnehmern bekannt?** (Vorbereitung!)

★ **Sind erwartete Ergebnisse der Besprechung den Teilnehmern klar?** (auf Tagesordnung z. B.: Ideensammlung, Entscheidung sofort, Erfahrungsaustausch etc.)

★ **Ist ein Zeitlimit für die Besprechung festgelegt?** (auf die Einhaltung zu achten ist eine der wichtigen Aufgaben des Besprechungsleiters)

★ **Stehen die wichtigsten Punkte ganz oben auf der Besprechungsliste?** (Sollte das Zeitlimit überschritten werden, so sind es eher die unwichtigen Dinge, die auf das nächste Meeting verschoben werden.)

★ **Verlassen wir die Besprechung mit einem klaren Aktionsplan?** (Wer macht was, wie und bis wann? Wenn möglich gleich als Protokoll während des Meetings über Beamer/Laptop mitschreiben!)

Kein Trick, wirkt aber wie Zauberei.
Wenn Sie sich selbst über das Meetingverhalten in Ihrem Unternehmen ärgern, empfehle ich Ihnen hiermit eine besonders harte Medizin. Bei Risiken und Nebenwirkungen ...

Was Sie brauchen Einen Laptop & eine SIZUKO-CD
Was für eine CD ist das? Eine preiswerte Software, die so manche Augen öffnet. Sie lässt eine besondere Uhr vollflächig auf dem Bildschirm Ihres Laptops erscheinen. Das Einzige, was Sie tun müssen, ist die geschätzten Durchschnittsgehälter aller Anwesenden einzugeben.
Diese Uhr läuft nun für alle sichtbar in Euro mit. So sehen Sie schwarz auf weiß, welche Kosten diese Besprechung verursacht. Schnell wird klar, wie bereits oben beschrieben: „Bei uns gibt es keine 800-Euro-Entscheidung mehr mit einer 2000-Euro-Personalanwesenheit!"
Die CD wird zunächst als Demoversion installiert und kann so

jeweils 15 Minuten getestet werden. Weitere Informationen im Internet unter www.em.media.de.

Das werde ich bezüglich meines Meetingverhaltens anpacken:

_____

_____

_____

_____

3. Störfaktoren eliminieren

Führen Sie mindestens eine Woche lang eine „Störerliste". Notieren Sie, wer oder was Sie um welche Uhrzeit bei Ihrer Arbeit unterbricht. Meist lassen sich hier einige Gesetzmäßigkeiten feststellen. Beispielsweise gewisse Zeiten, in denen Sie besonders häufig gestört werden. Dann bietet sich an, in diesen Phasen nur einfache Routinearbeiten zu erledigen. Sie werden auch feststellen, dass sich manche Personen als Störer auf der Liste wiederholen, mit denen Sie *gemeinsam Lösungen* für dieses Problem suchen sollten. Machen Sie auch Ihre Sekretärin oder Kollegen zu Ihren Verbündeten. Für besonders wichtige und umfangreiche Aufgaben ist es unumgänglich auch ungestört bleiben zu können. Für Anrufer haben Sie eben heute Vormittag einen Termin: *einen Termin mit sich selbst*. Manchmal geht es eben nicht anders ... Zudem könnten Sie Ihr *Büro umräumen*. Das heißt: weg mit den einladenden Stühlen direkt an Ihrem Schreibtisch! Stellen Sie diese an die Seite: Wer erst einmal gemütlich sitzt, hat die Tendenz länger als nötig hier zu bleiben. Wenn jemand den Raum betritt, stehen Sie auf und *bleiben Sie stehen*. Diese Körpersprache sagt dem Besucher unterbewusst „bitte fasse dich kurz" ohne unhöflich zu werden. Hängen Sie eine *große Uhr sichtbar* in Ihr Büro usw. Dies sind nur einige der zauberhaften Tricks, um Ihre Störfaktoren zu minimieren. Verwenden Sie bitte diese „Tricks" nicht bei Kunden oder wichtigen Mitarbeiteranliegen, für diese sollten Sie sich natürlich ausreichend Zeit nehmen!

 Das gehe ich an, um meine Störfaktoren zu eliminieren:

_____

_____

_____

_____

4. To-Do-List am Abend vorher Eine kurze Vorausplanung von fünf bis acht Minuten am Vorabend kann Ihren darauf folgenden Arbeitstag zeitlich revolutionieren. Aus der Praxiserfahrung heraus habe ich die „APFEL-Methode" entwickelt, die ich Ihnen hiermit ans Herz legen möchte. Kopieren Sie die beiliegende Apfelliste und beginnen Sie am besten schon heute mit der Umsetzung. Zahlreiche meiner Seminarteilnehmer bestätigen mir, dass sie mit diesem relativ einfachen Instrument erstaunliche Erfolge erreichen. Vergessen Sie nicht, dass eine realistische Zeitplanung auch *Pufferzeiten* je nach Berufstand von 20 bis 50% Ihrer Tageszeit beinhaltet. Das bedeutet, dass Sie auch Zeit für unvorhersehbare Dinge einplanen müssen. Wer unter „E" wie Einschätzen/Zeitbedarf täglich bereits insgesamt acht Stunden fest verplant, sitzt realistischerweise mindestens zehn Stunden an diesem Tag im Büro, bis er alle Aufgaben erledigt hat!

Anmerkung Einige meiner Seminarteilnehmer nutzen die Apfelliste auch für ihre Wochenplanung. Sonntagabends investieren sie nur 15 Minuten, um sich zeitsparend und effektiv auf die kommende Arbeitswoche vorzubereiten.

Zeitplanung mit der „APFEL-Methode" in Kurzform:

A = Auflisten (alles, was Sie am nächsten Tag erledigen möchten)

P = Prioritäten (Vergeben Sie je Aufgabe eine der drei Ziffern, angelehnt an digitale Zeitplansysteme. 1 = sehr wichtig, 2 = wichtig, 3 = weniger wichtig.)

F = Fusionieren/Delegieren (Fragen Sie sich, was andere für Sie erledigen können. Näheres dazu unter Punkt 6!)

E = Einschätzen (Schätzen Sie *realistisch* ein, wie viel Zeit Sie für diese Aufgabe benötigen.)

L = Lieber kontrollieren (Fragen Sie bei unerledigten Aufgaben nach dem „Warum". So entdecken Sie weitere Störfaktoren und sind Ihren eigenen zeitfressenden Gewohnheiten auf der Spur.)

A = Auflisten – Vorteile:
Nichts wird vergessen
Motivation durch Abhaken, wenn erledigt
Besserer Überblick für Arbeitsblöcke

P= Prioritäten – Vorteile:
1/2/3 – Prioritäten klar
Wichtiges kommt bewusst zuerst
„Schein-Wichtiges" wird eliminiert

F = Fusionieren/Delegieren – Vorteile:
Teil- oder Komplettaufgabe delegierbar?
Mehr Zeit für wichtige Führungsaufgaben
Bessere Entscheidungen, zusätzliche Motivation (s. Punkt 6)

E = Einschätzen – Vorteile:
Realistische Projektzeit- und Zielplanung
Realistische Tagesplanung
Rechtzeitige Warnsignale

L = Lieber kontrollieren – Vorteile:
Entwicklung eines besseren Zeitgefühls (Pufferzeiten?)
Störfaktoren und Gewohnheiten werden erkannt
... und können künftig beseitigt werden

Apfel-Liste	Tag: MONTAG			
Auflisten	Priorität	Fusionieren/ Delegieren	Einschätzen/ Zeitbedarf	Lieber kontrollieren bei Nein: Wann dann? Warum?
NA-Besprechung	1	/	1,5	✓
Drucksachen holen	2	Liefern lassen	/	✓
Bespr. Fa. Concept	2	/	1,0	✓
★ Tel.-Info Fa. Mayer	1	/	0,25	✓
✦ Anweisung H. Paul	2	/	0,5	✓
Sicherheitseinweisung	1	→ H. Huber	/	✓
★ Tel.-Storno Fa. Zinth	2	/	0,25	✓
★ Tel.-Anfrage Digital	3	/	0,25	✓
Seminar Besprechung	2	/	1,5	✓
Kundenbesuch Frisch	3	/	1,5	→ Dienstag ... zu viel
✦ Zwischenziel Einkauf	3	/	0,25	vorgenommen → Dienstag
Telefoninterview Radio	1	/	1,0	✓
		+		
			8 Std.	

So arbeiten Sie mit Ihrer Apfel-Liste – Beispiel

Kommentar Bei diesem angeführten Montag sind trotz Delegierens zweier Aufgaben bereits acht Stunden fest verplant. Dies bedeutet, dass Sie realistischerweise aufgrund der fehlenden Pufferzeiten mindestens zehn Stunden im Unternehmen tätig sind. Beim Feld „Lieber kontrollieren" sehen Sie das zu erwartende Ergebnis. Die Termine „Kundenbesuch Frisch" und „Zwischenziel Einkauf" mussten auf den nächsten Tag verschoben werden. Sehr gut kann man hier auch die einzelnen Arbeitsblöcke erkennen. Die *-Aufgaben haben mit Telefonieren zu tun. Das heißt, diese Telefonate sollten Sie, wenn möglich, direkt nacheinander erledigen. Auch gewisse Besprechungen (+) lassen sich zusammenfassen. Der Grund dafür: Gleichartige Tätigkeiten gehen nacheinander meist schneller und ungestörter von der Hand. Wichtig ist zudem, dass Sie möglichst mit den 1er-Prioritäten beginnen. Wie im Beispiel bleiben dann zum Schluss verträgliche 3er-Prioritäten über. Zudem wird noch ein weiterer positiver Aspekt der Apfel-Methode deutlich: Wenn Sie diese Liste am Abend vorher aufgestellt haben, wird Ihnen schwarz auf weiß klar, dass der nächste Tag ausgebucht ist. Bei weiteren Anfragen, die an diesem Montag folgen, sagen Sie bewusst Nein zu bestimmten Dingen. Hätten Sie diese mindestens zehn realen Arbeitsstunden nicht vor Augen, würden Sie vielleicht doch Ja sagen und sich damit, wenn wir ehrlich sind, irgendwie selbst belügen. (Außer natürlich, Sie machen die Nacht durch.)

Zum Thema NEIN sagen ... **... ist Folgendes auch noch wichtig:** Ein isoliertes Nein macht meiner Meinung nach aggressiv. Ein Nein sollte nahezu immer eine Lösung beinhalten (wenn nicht jetzt, wann dann bzw. wenn nicht ich, wer dann). Wenn Sie ein absolutes Nein formulieren, dann bitte mit einer kurzen Begründung.

Apfel-Liste:		Tag:		
Auflisten	Priorität	Fusionieren/ Delegieren	Einschätzen/ Zeitbedarf	Lieber kontrollieren bei Nein: Wann dann? Warum?

marketing é motion – oliver alexander kellner – www.simsalawin.de

Kopiervorlage: Ihre Apfel-Liste

5. Organisieren Sie Ihren Arbeitsplatz

Unglaublich viel Zeit geht verloren bei der Suche nach Unterlagen – und überhaupt durch mangelnd rationale Schreibtischarbeit.

Gehen Sie doch einmal an Ihrem Arbeitsplatz auf die Suche und stöbern Sie nach dem ältesten Dokument, das Sie dort finden können. Gefunden? Gut. Dann fragen Sie sich einmal: „Wie wichtig war diese Information wirklich für mich?" Die meisten Dinge werfen wir in der Praxis nämlich nur deswegen nicht weg, weil Sie uns noch nicht alt genug erscheinen.

Doch gleich vorweg: den Schreibtisch aufräumen allein bringt gar nichts. Spätestens in vier Wochen sieht es dort wieder genauso aus. Mein eigener Schreibtisch seinerzeit noch als Journalist bei einer Tageszeitung war der lebende Beweis dafür. Sie müssen also (wie ich bald darauf), *Ihren Arbeitsplatz neu organisieren* und *Ablagesysteme entwickeln*, die Ihrer Praxis entsprechen. Ich lade Sie ein in den Genuss zu kommen, vom Volltischler zum Leertischler zu werden. Dabei gibt es ein höheres Ziel:

Nehmen Sie jedes Blatt/Dokument nur einmal in die Hand!

Das bedeutet: Wenn Sie Ihren Posteingang bearbeiten, sofort handeln: wegwerfen, erledigen, delegieren oder ablegen und fertig! Machen Sie vor allem Ihren *Papierkorb zu Ihrem besten Freund!*

Bei vielen Posteingängen, die zu beantworten sind, braucht es zudem keinen förmlichen Brief. Oft reicht eine handschriftliche Notiz direkt auf dem Anfrageschreiben vollkommen aus. Rein ins Fax und weg damit! Auch Kurzbriefe und Memo-Notes sind zeitsparende Alternativen.

Wer den Jäger- und Sammlerinstinkt noch etwas stärker in sich trägt und sich mit dem Wegwerfen schwer tut, beginnt mit der eigenen „Schreibtisch-Kompostieranlage". Dazu räumen Sie eine große Schreibtischschublade leer. Alles, was Sie sich noch nicht trauen wegzuwerfen, kommt in diese Schublade immer oben auf den Stapel. So entsteht alle ein bis drei Monate ein netter kleiner Papierberg. Dann nehmen Sie, wie beim Komposthaufen, eine Handvoll von unten heraus (das sind automatisch die ältesten Dokumente) und werfen diese jetzt endlich weg. So haben Sie Ihr Gewissen etwas beruhigt und bleiben trotzdem ein Leertischler.

Hinterfragen Sie ruhig zudem einmal, in welchen *Verteilern* Sie sind. Nutzen Sie wirklich all diese Informationen oder kommen Sie realistisch betrachtet doch nie dazu dies zu lesen? Übrigens gehen immer mehr Führungskräfte dazu über auch das *Lesen zu delegieren*. Dies spart nicht nur Zeit, sondern hält die Mitarbeiter an der Front zudem fit. Es reicht, wenn Sie selbst eine zusammenfassende Kurzinfo erhalten, was in der Fachzeitschrift wirklich wichtig und neu ist.

Interessant fand ich übrigens diese Aussage eines Geschäftsführers in einem meiner Seminare: „Ich brauche die vielen Papierstapel auf meinem Tisch, sonst finde ich nichts!" Das Ganze löste sich jedoch später bei der Aufzählung der eigenen Stressfaktoren auf. Was ihn unter anderem besonders ärgerte, waren seine Lehrlinge, wenn sie am Abend in der Werkstatt ihren Arbeitsplatz unaufgeräumt verließen. Da konnte ich mir natürlich die Frage nicht verkneifen, was wohl ein Lehrling denkt, wenn dieser vor dem Papierstapel-Schreibtisch seines Chefs steht und sich einen „Anpfiff" wegen Nichtaufräumens seines Arbeitsplatzes einholt ...?

Also ran an die Arbeitsplatzorganisation. Das interessiert mich und werde ich anpacken:

_____

_____

_____

_____

6. Nutzen Sie aktiv einen der größten Zeithebel – Delegieren

Der Begriff ‚Delegieren' wurde bei der Apfelmethode bewusst durch das Wort ‚Fusionieren' ersetzt. Das hat zwei Gründe. Erstens würde die Apfelmethode sonst Apdelmethode heißen. Zweitens spricht man dem Delegieren schon einen etwas negativen Beigeschmack zu. Das mag wohl daher kommen, dass in der Praxis von oben herab oft nur das delegiert wird, worauf die Führungskraft selbst keine Lust hat. Also hier die Bitte an Sie als heutigen oder künftigen Vorgesetzten (Vorgesetzt übrigens auch Ihren Vereinsmitgliedern, Ihrer Familie ...): „Geben Sie nicht nur ‚Keiner-will-sie-haben-Aufgaben' weiter!"

Vier gute Gründe, ab morgen mehr zu delegieren:

★ Sie selbst bekommen mehr Zeit für Ihre wichtigen Führungsaufgaben
★ mehr Entscheidungen werden künftig an der Front getroffen
★ diese sind meist nicht nur schneller, sondern auch besser!
★ Sie motivieren Ihre Mitarbeiter und fördern deren Weiterentwicklung

Wichtig – das sollten Sie unbedingt beachten:

1. *Wir können keine Gesamtverantwortung delegieren, nur Mitverantwortung.*
   Die Gesamtverantwortung bleibt immer bei Ihnen, auch wenn Sie Teilverantwortung natürlich mitdelegieren. Das heißt im Falle eines Misserfolges, dass Sie sich verantwortlich vor Ihre Mitarbeiter stellen. Wenn Sie das Gegenteil hier praktizieren, werden Sie bald keine Mitarbeiter mehr haben, die Ihre delegierten Arbeiten motiviert entgegennehmen!

2. *Wir müssen auch die entsprechende Autorität mitdelegieren!*
   Wenn Sie nicht die entsprechende Autorität mitdelegieren und das auch offen gegenüber Kollegen kundtun, läuft dieser Gefahr, mit seinem Projekt nur gegen Mauern zu rennen.

3. *Jedes Delegieren beinhaltet auch das Recht eigene Fehler zu machen.*
   Noch einmal zur Erinnerung: „Erfolgreiche Menschen haben mehr Fehler gemacht als andere!" Lassen Sie es zu, dass Ihre Mitarbeiter und Ihr Unternehmen erfolgreich werden – das funktioniert langfristig nur durch eine offene Fehlerkultur.

4. *Akzeptieren Sie, dass mehrere Wege zu einem guten Ziel führen.*
   Akzeptieren Sie, dass andere Menschen auch andere Wege

gehen. Gerade bei der Nachfolgeregelung in Familienbetrieben wird dies oft zum zentralen Streitpunkt. Übrigens: „Neue Ideen werden stets abseits ausgetretener Pfade entdeckt!"

5. *Zwischenkontrollen sind wichtige „Meilensteine" für beide Partner.*
„Wenn der Karren erst mal im Schmutz steckt, kann man leicht schimpfen." In beiderseitigem Interesse ist es wichtig bei größeren Projekten auch Zwischenziele zu vereinbaren. Erstens werden Aufgaben dadurch klarer. Zweitens können rechtzeitig Weichen gestellt werden, sollte das Projekt vom Zeit- oder Zielplan abweichen.

6. *Rückdelegation unterbinden, fordern Sie Lösungsvorschläge ein!*
Der einfachste Weg neue Aufgaben wieder loszuwerden, ist schon bei ersten Schwierigkeiten das Projekt wieder rückzudelegieren. „Ich weiß nicht, wie ich das machen soll", „Damit komme ich nicht weiter", „Die Aufgabe ist zu groß für mich ...", so oder so ähnlich die Aussagen in puncto Rückdelegation. Wenn Sie selbst hier gleich Feuerwehr spielen und die Aufgabe sofort wieder zurücknehmen, dann haben Sie künftig sogar mehr Arbeit als vorher. Ihre Priorität ist es, den Mitarbeiter zu einem eigenverantwortlich handelnden Lösungsdenker zu coachen. Wie das geht? Eine einfache Methode ist beispielsweise diese Fragetechnik: „Stellen Sie sich vor, Sie hätten keinen Vorgesetzten, was würden Sie in diesem speziellen Fall dann tun?" Allein diese Frage kann wahre Wunder bewirken. Der Fokus ändert sich vom Problem- zum Lösungsdenken. Jetzt ist der Mitarbeiter aktiv gefordert eigene Ideen zu bringen. Die Erledigung der ersten Aufgabe dieser Art kann durchaus länger dauern, als wenn Sie es gleich selbst gemacht hätten. Doch was jetzt zählt, ist die Zukunft. Sie entwickeln so Mitarbeiter, die als Mitunternehmer denken und handeln und Ihnen später viel Zeit sparen.

7. *Was zählt, sind entsprechende Ergebnisse – Perfektion dagegen kann lähmen!*
Bitte nicht verwechseln mit den unumstrittenen Kriterien Sicherheit und Qualität. Diese sind sicher Grundvoraussetzung, doch gehen einige in Sachen Perfektion auf vielen Gebieten zu weit. Wer an jeder Kleinigkeit herumnörgelt, braucht sich nicht wundern, wenn er später alles selber machen muss!

„Lieber unvollkommen begonnen als perfekt gezögert."

Ich starte zumindest einen Versuch – das kann ich ab nächster Woche zusätzlich delegieren (beruflich & privat):

Was?	An wen?	Warum? (Motivation für den anderen?)	Wie? (grobe Richtung, wie angehen?)	Wann fertig? Zwischen- und Endtermin

marketing é motion – oliver alexander kellner – www.simsalawin.de

(Falsch-)Spielerische Arbeitsverteilung
Es gibt Arbeiten, die nicht gleich helle Begeisterung hervorrufen. Doch auch für das clevere Übertragen dieser Arbeiten gibt es Möglichkeiten in der Zauberei. Jemand wählt scheinbar frei eines unter mehreren Aufgabenkärtchen aus. „Scheinbar" des-

wegen, weil er, ohne es zu merken, genau die Aufgabe bekommt, die er bekommen soll. Diese Technik nennt man in der Zauberkunst „forcieren". Es gibt sehr viele Möglichkeiten Dinge zu forcieren. Ich möchte Ihnen hier eine einfache, aber wirkungsvolle Force verbunden mit einer Businessidee näher bringen.

Das erlebt der Zuschauer Sie als Führungskraft haben einige Aufgaben zu delegieren. Darunter sind natürlich sowohl spannende und interessante Tätigkeiten als auch Dinge, die eben gemacht werden müssen und um die sich Mitarbeiter kaum reißen. Sie schreiben für jede Arbeit ein Kartonkärtchen. Diese werden umgedreht und auf „absolut" faire Weise scheidet in Zusammenarbeit mit dem Mitarbeiter ein Kärtchen nach dem anderen aus. Das am Schluss übrig gebliebene Kärtchen wird schließlich umgedreht – dies ist die gewählte Aufgabe des Mitarbeiters.

Achtung Diese Art der Arbeitsverteilung ist eindeutig eine Form der Manipulation. Bei uns Zauberern wird sie im Reich der Unterhaltung genutzt. Und genauso sollten Sie es handhaben. Das heißt: Diese Aufgabenverteilung sollten beide Seiten mit einem Augenzwinkern sehen. Vergessen Sie diese Methode bei wichtigen Entscheidungen. Es gibt jedoch auch gewisse Mitarbeiter, die sich stets vor entsprechenden Arbeiten drücken. Mit einem Schmunzeln können Sie so etwas nachhelfen. Oder wie wäre es mal in der Familie: Wer muss denn heute zum Beispiel abspülen?

So geht's Sie schreiben auf je ein Kartonkärtchen eine Aufgabe. Diese Aufgaben werden dem anderen gezeigt und dann die Kärtchen umgedreht. Sie merken sich stets die Position des Kärtchens, das zum Schluss für den Ausführenden übrig bleiben soll. Die Anzahl der Karten ist offen, es sollten jedoch mindestens vier sein, damit dieses Kunststück wirkt.
Sie erklären dem Zuschauer, dass Sie heute das Glück bei der Aufgabenverteilung entscheiden lassen wollen. Gemeinsam werden Sie eine Karte nach der anderen aussortieren. Die Karte, welche zum Schluss übrig bleibt, ist der Job des Zuschauers. Damit das Ganze „fair" ist, werden immer abwechselnd einmal

der Zuschauer und einmal Sie über das Schicksal einer Karte entscheiden.

Das Spiel ist einfach. Sie schieben aus allen Karten zwei nach vorn und eine davon kommt weg. Welche von beiden, das entscheidet der Zuschauer. Anschließend schiebt der Zuschauer aus allen verbleibenden Karten zwei nach vorn und Sie entscheiden, welche davon beiseite gelegt wird. Jetzt schieben wieder Sie zwei nach vorn usw. Dies geht immer abwechselnd so lange, bis nur noch eine Karte übrigbleibt.

Der Trick dabei Wenn Sie eine ungerade Anzahl Karten haben, beginnen Sie, bei gerader Anzahl beginnt Ihr Zuschauer. Dies bedeutet, da Sie ja die Force-Karte (die zum Schluss für den Mitarbeiter übrig bleiben soll) kennen, werden Sie dem Zuschauer immer zwei Karten vorschieben, bei denen diese Aufgabenkarte nicht dabei ist. Dann ist es egal, welche er ausscheiden lässt. Schiebt der Zuschauer Ihnen zwei Karten vor, bei denen die Force-Karte dabei ist, lassen Sie einfach die andere ausscheiden. Wichtig ist nur, dass Sie immer wissen, wo die Karte ist. Der Rest erledigt sich von selbst! Wenn Sie die Karten umgedreht haben, können Sie diese auch scheinbar durcheinandermischen. Einfach eine Hand auf die Force-Karte und diese samt dem Rest durcheinanderschieben. Die Karte, auf der Sie beim Mischen die Hand, oder noch eleganter, den Finger, haben, ist die Aufgabenkarte, die Sie im Auge behalten sollten.

Schlüsselbegriffe:
★ Aufgaben delegieren
★ Gewinn auswählen lassen (lauter Traumsachen, Zuschauer bleibt Glücksbringer = 1-Cent-Münze)
★ Zukunft vorhersagen (erstrebenswerte Posten in der Firma)
★ Restaurant bestimmen (wenn der andere einlädt, wählt er zufällig das beste am Platze) ...

Da Sie diese Arbeit nicht ganz wahrheitsgemäß verteilt haben, nachstehend gleich ein „Wahrheitsdetektor" aus der Zauberbox.

 **Zauberbox-Kunststück:**
Der Wahrheitsdetektor

Das zauberhafte Zeitmanagement ist eines meiner Lieblings-Trainingsgebiete. Die Idee dieses Wahrheitsdetektors ist daraus entstanden. Wenn wir von einer durchschnittlichen Wachzeit von 16 Stunden täglich ausgehen, kann ich hier bildlich sehr gut zeigen, dass wir annähernd die Hälfte unserer Lebenszeit mit Arbeiten verbringen. Dies ermöglicht mir einerseits meine Botschaft eines ganzheitlichen Zeitmanagements zu überbringen, andererseits für eine neue Firmenkultur zu plädieren, in der Arbeiten bewusst Freude mit sich bringt. Natürlich können Sie dieses verblüffende Kunststück auch auf ganz anderen Gebieten einsetzen. Als Anregungen dienen hier wiederum die Schlüsselworte. Zur Information: Bei allen abgebildeten Zauberbox-Requisiten handelt es sich um Prototypen, die vor der Serienreife in Handarbeit gefertigt wurden. Leichte Abweichungen zu den Requisiten, die Sie in der Zauberbox finden, sind deshalb möglich.

Das erlebt der Zuschauer

Sie präsentieren einen kleinen Papierblock, der von einem weißen Gummiband umspannt zusammengehalten wird. Sie führen dieses Paket mit einer kleinen Story ein, beispielsweise wie oben kurz beschrieben. Der Zuschauer sieht, dass jedes Kärtchen mit dem Zifferblatt einer Uhr bedruckt ist. Die obere Hälfte dieser Uhr ist weiß, die untere schwarz.

Zeigen Sie nicht nur das Wahrheitsdetektorpäckchen, sondern gestikulieren Sie auch beiläufig mit dem untersten Blatt des Stapels, das Sie dann einfach beiseite legen.

Je nach Ihrer Einleitungsstory beschreiben Sie die schwarze Hälfte als Arbeitszeit (Gag: hat nichts mit Schwarzarbeit zu tun) und die obere, weiße Hälfte als Freizeit. Sie wollen nun über ein Mentalexperiment herausfinden, zu welchen Anteilen (Arbeit/Freizeit) Ihr Gast künftig sein Leben gestalten möchte. Ob 70 Prozent Arbeit und 30 Prozent Freizeit realistisch sind oder er sich unbewusst ein anderes Verhältnis wünscht, das wird uns der Wahrheitsdetektor belegen. Zur Kontaktaufnahme mit diesem Hightechgerät soll Ihr Mitspieler oben rechts seine Unterschrift setzen, was gleichzeitig seine Wahrheitsdetektor-Karte zu einem Unikat werden lässt.

Der Zuschauer unterschreibt rechts oben. Dazu können Sie übrigens auch den Teufels-bleistift nehmen und diesen gleich anschließend einsetzen.

Jetzt wird der Zuschauer gebeten, seine Hand flach auszustrecken. Dann ergreift der Vorführende die oberste Karte des Päckchens, dreht das Paket um und zieht gleichzeitig diese oberste Karte (durch das Umdrehen des Päckchens sieht man jetzt nur die leere Rückseite der Karte) heraus.

Die oberste Karte wird an der oberen Kante ergriffen, das Päckchen umgedreht.

Diese umgedrehte Karte legt er dem Zuschauer auf die Hand und bittet ihn seine andere Hand noch oben draufzulegen.

Und wenn der Stapel umgedreht ist, wird diese Karte herausgezogen und verdeckt auf die ausgestreckte Zuschauerhand gelegt.

Die Karte liegt nun mit der Uhrseite nach unten zwischen den Händen des Zuschauers. Folgendes ist bisher passiert. Der Zuschauer sieht ein Päckchen mit Zifferblättern, die je zur Hälfte schwarz (Arbeit) und weiß (Freizeit) sind. Das oberste Kärtchen wird von ihm unterschrieben, so dass sein Kärtchen damit zum Unikat wird und nicht mehr ausgetauscht werden kann. Diese Karte wird durch das Umdrehen des Paketes verdeckt herausgezogen und dem Zuschauer auf die flache Hand gelegt. Die andere Zuschauerhand kommt oben drauf.

Jetzt bitten Sie den Zuschauer konzentriert an sein künftiges Wunschverhältnis von Arbeit und Freizeit zu denken (eventuell kurz die Augen schließen lassen). Diese Gedanken soll er nun versuchen mental mit der Wahrheitsdetektorkarte zu visualisieren. Jetzt wird er wieder auf unsere geistige Ebene zurückkehren und das Ergebnis allen zeigen, indem er die Karte für alle sichtbar umdreht.

Der Rest ist Showtime und das für den Zuschauer verblüffende Ergebnis sehen Sie hier.

Gelächter wird ertönen, wenn Ihre Gäste sehen, dass der schwarze Bereich für Arbeit wie durch Zauberei komplett verschwunden ist. Ihr Gegenüber will nur noch Freizeit – endlich mal einer, der ehrlich ist!? Was jedoch dieses Kunststück nahezu unerklärlich macht, ist die Tatsache, dass sich oben rechts immer noch die Originalunterschrift des Zuschauers befindet – also vielleicht tatsächlich Zauberei? Wundern Sie sich jetzt nicht, wenn dieses Blatt genau untersucht wird. Viele tippen übrigens auf eine Art Thermopapier, bei dem sich die Schwärze durch die Handwärme auflösen soll.

Der Trick dabei

Sie erhalten in der Zauberbox dieses Wahrheitsdetektorpäckchen für zahlreiche Vorführungen, wobei das Blatt, das ganz oben liegt, nur ein halbes Blatt ist. Diese Tatsache wird durch das etwas breitere Gummi, das das Päckchen zusammenhält, absolut täuschend verborgen. Das halbe Blatt bleibt für alle Ihre Vorführungen an derselben Stelle. Herausgezogen wird somit immer nur das jeweils darunter liegende Blatt. Diese Blätter haben „alle" komplett weiße Zifferblätter, was also das Ergebnis stets ohne besondere Fingerfertigkeit vorprogrammiert. Da dieses Blatt also eigentlich das Zweitblatt darstellt, kann der Zuschauer auch gerne im oberen Bereich unterschreiben. Genau dieses Blatt bekommt er ja später auf die Hand gelegt.

Tipp zur Präsentation

Im vorigen Absatz ist das Wort „alle" bewusst in Anführungszeichen gesetzt, weil das letzte Blatt Ihres Päckchens tatsächlich einen Komplettdruck dieser Schwarz/Weiß-Uhr aufzeigt. Wenn Sie anfangs dieses Wahrheitsdetektorpäckchen ins Spiel bringen und mit Ihrer Story beginnen, ist es ein enorm wichtiger psychologischer Faktor, dass die Zuschauer dies nicht nur auf dem obersten Deckblatt sehen, sondern Sie auch ein weiteres Blatt unten aus dem Stapel ziehen und es beiläufig zeigen. Das sind scheinbar Kleinigkeiten, die jedoch aus einem einfachen Trick ein Kunststück bzw. ein kleines Wunder machen.

Schlüsselbegriffe:
★ Verkaufsmaschine für Freizeitprodukte („wow, so viel Freizeit haben Sie künftig, da habe ich genau das Richtige für Sie ...")
★ 50 % unserer Lebenszeit verbringen wir ... mit Halbwahrheiten
★ ... verbringen wir mit Schlafen (Bettenverkäufer etc.) ...

7. Entdecken Sie Ihre wahren Zeitfresser – Ihre Gewohnheiten

Die Umfrage einer Fernsehzeitschrift ergab, dass wir jede Woche durchschnittlich 15 bis 20 Stunden vor dem Fernseher verbringen. Durch Rückfragen an meine Seminarteilnehmer und deren Netzwerkkreis kann ich diese Zahl durchaus bestätigen. Das bedeutet, wenn wir von 15 Stunden ausgehen und das durch 7 Wochentage teilen, kommen wir auf täglich rund zwei Stunden. Sprich: ein guter Spielfilm täglich, was bei vielen durchaus realistisch ist. Diese 15 Wochenstunden mal 52 Wochen im Jahr ergeben 780 Stunden. Teilen wir diese durch unsere durchschnittliche Wachzeit von 16 Stunden am Tag, dann kommen wir auf knapp 50 Tage, die wir zusätzlich nutzen können, wenn wir den Ausschalter an dieser Kiste finden.
Als Realist gehe ich davon aus, dass wir unsere Fernsehzeit nicht ganz auf null reduzieren wollen. Doch allein wenn wir diese Zeit halbieren, steht uns ein enormes Zeitpotential zur Verfügung. Zeit für Sport, Zeit für Freunde, Zeit für ein gutes Buch, Zeit für Weiterbildung, einfach Zeit für Neues. Hinterfragen Sie Ihre *Fernsehgewohnheiten*. Ist bei Ihnen auch schon das tägliche 20-Uhr-Sofa-Syndrom eingetreten?

... und vom Fernsehen zu einer weiteren Gewohnheit: „verlorene Zeit auf der Straße". Es ist unglaublich, wie viel Arbeits- und Lebenszeit jährlich auf deutschen Autobahnen liegen bleibt. Oft sind es unsere Gewohnheiten, die uns verführen, alles so zu tun wie immer. Überprüfen Sie deshalb stets Ihre Tourenplanungen.

Fragen Sie sich doch mal:

★ Muss ich unbedingt dort anreisen, und wenn ja, wie oft? Ist weniger hier vielleicht mehr?

★ Kann ich den Kunden einladen, vielleicht ist er begeistert die Produktion etc. live zu sehen?

★ Gibt es Alternativen über E-Mail, Post, Videokonferenz, einen Kollegen, der sowieso schon in dieser Richtung unterwegs ist?

★ Wo kann ich Besuchsblöcke in einer Region einplanen?

★ Wie sieht es aus mit meiner Anreise zum Arbeitsplatz? Ist es realistisch an einen Umzug in die nähere Umgebung zu denken? Kann ich mit der Bahn fahren und im Zug bereits arbeiten?

Wie wichtig es ist, sich über diese fahrzeitbezogenen Dinge ernsthaft Gedanken zu machen, macht die nachstehende Beispielrechnung deutlich:
Wenn wir auf unserem Weg zur Arbeit einfach
30 Minuten sparen

Hin- und Rückweg = *1 Stunde*
Woche = *5 Stunden*
1 Jahr (48 Wo.) = *240 Stunden*
6 Jahre = *1440 Stunden*
1440 Stunden = rund *9 Monate frei!*

Und jetzt die Frage: Wie schnell sind bei Ihnen die letzten sechs Jahre vergangen? Wäre es nicht toll nun neun Monate freizuhaben? Realistisch können wir natürlich diese Zeit nicht auf ein Konto legen und dann am Stück abfeiern. Es geht hier darum, dass jeder in seinem Zeitmanagement noch Potentiale hat, die er in die persönliche Balance seines BGJ+ investieren kann!

Fernsehgewohnheiten und verlorene Zeit auf der Straße. Das werde ich bei mir anpacken:

_____

_____

_____

_____

**Sie wollen anderen Zeit schenken –
ein tolles Kunststück dazu:**
Hier ein traumhafter und vielseitig einsetzbarer „Beweis" dafür, dass wir alle (scheinbar) zu viel Zeit zur Verfügung haben. Dies können Sie zum Beispiel humorvoll als Start eines Vortrages einsetzen, um die Sympathien Ihrer Mitarbeiter oder Kunden zu gewinnen, wenn es um neue Aufgaben geht u.v.m:

Wie viele Tage im Jahr arbeiten wir wirklich?
„365 Tage – gehen wir mal vom schlimmsten Fall aus, einem Schaltjahr, dann sind es 366 Tage, richtig?"
Schreiben Sie die Zahl 366 groß auf ein Flipchart.
„Gut ... jetzt arbeiten wir natürlich nicht 24 Stunden am Tag, sondern etwa nur acht Stunden. Acht ist ein Drittel von 24, d.h. wir arbeiten effektiv nur ein Drittel von 366 Tagen, also 122 Tage."
Streichen Sie 366 durch und schreiben Sie groß 122 Tage darunter; das ist Ihre Ausgangsbasis.
„Jetzt haben wir aber pro Jahr 52 Samstage und 52 Sonntage, an denen die meisten von uns freihaben, macht 104 Tage, die wir von unseren Arbeitstagen ja abziehen müssen."
Schreiben Sie 104 Tage unter die 122 und ziehen Sie diese ab.
„Was bleiben sind 18 Tage. Okay, nicht zu vergessen, dass jeder mindestens 15 Urlaubstage hat ..."
„15 Tage" darunter schreiben und abziehen.
„Was bleibt sind 3 Tage. Obwohl, mal ganz ehrlich, zwei Tage erwischt es fast jeden im Jahr mit einer Grippe ..."
2 Tage abziehen.

„Was bleibt ist 1 Tag und das ist der 1. Mai – ein Feiertag, der ‚Tag der Arbeit'!"

So sieht die „Rechnung" noch einmal im Überblick aus – die Wirkung auf Publikum ist unglaublich, probieren Sie es doch einfach mal!

366	Tage Schaltjahr – wird dann durchgestrichen
−122	1/3 dieser Tage, da 8 Std. ein Drittel von 24 Std.
104	52 Samstage + 52 Sonntage abziehen
= 18	
−15	Minimum an Urlaubstagen
= 3	
−2	Tage Grippe
= 1	**= der 1. Mai, ein Feiertag, der „Tag der Arbeit"**

Schlüsselbegriffe:
★ Zeitpotentiale aufzeigen
★ Zeit für ein neues Amt
★ Zeit für neue bzw. Zusatzaufgaben
★ Zeit für Visionen
★ Zeit für neue Wege
★ jede Menge Freizeit
★ Kundenpotentiale aufzeigen (Freizeitindustrie)
★ Wohlstandsgesellschaft
★ Zeit Marktführer zu werden
★ Anfrage nach mehr Urlaub humorvoll entgegentreten ...

Kapitel 8

Aus der Trickkiste des Autors

Zauberhafte Ideen rund um die Fragetechnik

„Wer fragt, der führt", so eine allgemein bekannte Erfolgsregel von Verkäufern. Clevere Fragen, in die meist schon die Antworten des anderen eingebaut sind, werden in der Praxis durch Erfolg bestätigt. Denken Sie noch einmal an das Beispiel im Kapitel „Telefonmarketing", nämlich statt zu fragen „Wann haben Sie Zeit?" die Frage zu stellen „Wann passt es Ihnen besser, Dienstag oder Donnerstag?"

Magische Frage zur Gehaltserhöhung
Hier folgt eine weitere zauberhafte Fragetechnik, für den Fall, dass Sie einen Vorgesetzten um eine *Gehaltserhöhung* bitten. Fallen Sie nicht gleich mit der Tür ins Haus. Nach einigen allgemeinen Worten fragen Sie erst einmal: *„Wie zufrieden sind Sie eigentlich mit meiner Arbeit?"* Diese Technik gibt schon die Richtung der Antwort vor. „Zufrieden" – damit ist klar, jetzt kann es eigentlich nur noch besser werden. Anschließend wird Ihr Vorgesetzter diese Tatsache natürlich (ich gehe davon aus, dass Sie gute Arbeit leisten) mit seinen Worten unterstreichen. Erst jetzt legen Sie die Karten auf den Tisch und kommen mit Ihrer Gehaltsfrage. Ich bin sicher, Sie merken, wo hier der Knackpunkt liegt. Nun, da Ihr Gegenüber seine Zufriedenheit mit Ihrer Arbeit selbst ausgesprochen hat, tut er sich jetzt wesentlich schwerer Ihre Bitte abzuschlagen. Schließlich war er ja selbst gerade noch mit Ihnen einer Meinung. Viel Erfolg mit dieser Technik, an der ich umsatzmäßig leider nicht beteiligt bin. (Gleichzeitig ein „Sorry" an alle Gehaltsentscheider ... aber diese Zeilen geben Ihnen wiederum die Möglichkeit sich auch auf diese Situation vorzubereiten!)

Fragen steuern nicht nur die Antworten, sondern lenken auch das Denken der Kunden. Wenn Sie Ihr Produkt oder Ihre Dienstleistung präsentiert haben, fragen Sie bitte nicht, ob der Kunde es haben möchte. Denn dann wird der Kunde unbewusst animiert darüber nachzudenken, ob er es denn unbedingt

Gedanken durch Fragen steuern braucht. Lenken Sie seine Gedanken doch in eine andere Richtung, indem Sie von vornherein voraussetzen, dass er kaufen möchte. Fragen Sie: *„Welche Ausführung möchten Sie denn lieber haben – Version A oder Version B?"* Und schon überlegt der Kunde anhand dieser Entscheidungsfrage „Welche von beiden will ich nun haben?" Sie lenken ihn damit weg von der Grundfrage: „Will ich es überhaupt kaufen?" Für manche Menschen klingt das im Augenblick etwas absurd, doch in meinen Seminaren teste ich das mit meinen Teilnehmern immer wieder mit großem Erfolg. Ich nehme zwei Gegenstände zur Hand, zeige Sie einem Teilnehmer und frage: „Welchen dieser beiden Gegenstände möchten Sie nehmen?" Spontan greift er nach einem. Hinterher interviewe ich den jeweiligen Teilnehmer, ob er überhaupt einen Gedanken daran hatte sich zu fragen: „Will ich überhaupt einen haben?" Die Antwortet lautet nahezu immer „Nein". Aus dem Gesprächsfluss heraus greifen die Teilnehmer in 99 Prozent aller Fälle einfach zu.

Weitere Hexereien im Verkauf

Wenn Sie Kunden persönlich zu Hause besuchen, versuchen Sie doch einmal folgenden Trick. *Klingeln Sie künftig nicht mehr einmal, sondern dafür zweimal ganz kurz.* Sie werden förmlich spüren, dass Ihnen die Hausherren merklich entspannter und offener entgegentreten. Hinter diesem zweimaligen Klingeln steckt wiederum etwas clevere Psychologie. Gehen Sie doch einmal von sich selber aus. Einmal klingeln: „Oh, ein Fremder!" Zweimal klingeln – ein Freund, der Nachbar oder zumindest ein Bekannter. Dreimal klingeln und öfter – die Kinder kommen von der Schule. Sie sehen: Bei zweimaligem Klingeln wird in der Regel eine freundschaftlich verbundene Person erwartet. Dies ist ein sehr guter Start auf der Beziehungsebene. Und bitte nicht dreimal und öfter klingeln, das dulden die Eltern wirklich nur bei den eigenen Kindern.

Ein Fuchs nutzt die Welpentechnik Zu den wichtigsten Verkaufstechniken zählt die *Welpentechnik*. Diese soll angeblich wirklich aus der Hundezucht abgeleitet sein (die Züchter müssen natürlich auch verkaufen). Die Situation kommt Ihnen, wenn auch nicht persönlich, sicher bekannt vor.

Eine Familie ist bei einem Hundezüchter und bestaunt den süßen Nachwuchs. Lauter nette, kleine Welpen. Die Kinder beknien Vater und Mutter und Für und Wieder werden ausgetauscht. Schließlich schaltet sich der Züchter ein und macht folgenden Vorschlag: „Nehmen Sie doch einfach mal einen der Kleinen mit. Sollten Sie während der nächsten Woche mit ihm absolut nicht zurecht kommen, nehme ich ihn gerne wieder zurück."

Das ist die Welpentechnik – und ganz ehrlich: In Bezug auf Hunde kenne ich niemanden in meinem Umfeld, der es über's Herz brächte seinen Welpen tatsächlich zurückzubringen. Dieses Instrument können Sie natürlich auch in Bezug auf Ihr Produkt einsetzen. Ein Kunde, der ein Bonbon in der Hand hat, weiß eben noch lange nicht, wie gut es schmeckt. Dass die Welpentechnik hervorragend funktioniert, belegt zum Beispiel auch der Erfolg der Firma Schönherr (schon erwähnt bei der Idee mit der Visitenkartentasche). In diesem Unternehmen bekommt der Kunde jede Maschine (Bindesysteme, Laminiergeräte etc.) *vier Wochen lang gratis zum Testen*. Obendrein erfolgt die Lieferung frei Haus und das Paket beinhaltet gleichzeitig Mustermaterial zum Ausprobieren. Selbstverständlich sollte Ihr Produkt dann auch halten, was es verspricht, sonst wird die Aktion sicher zum Bumerang.

Tipp zum Umgang mit „Rabattjägern" Der nächste Verkaufstipp geht in die Welt der *Rabatte*. Leider lassen sich immer wieder Menschen von Rabatten blenden, ohne darüber nachzudenken, dass dieser ja vorher irgendwo draufgeschlagen werden musste. Oder, wenn das nicht der Fall ist, dass man sich oft mit weniger Qualität oder weniger Nutzen begnügen muss. Im Ernstfall handelt es sich um tatsächliche Rabatte, und diese müssen oft wiederum aus Mitarbeitern, Lieferanten oder anderen Menschen „herausgemolken" werden. Schlimmstenfalls geht das Rabattunternehmen, bei dem Sie gekauft haben, in Konkurs und Sie haben keinen Ansprechpartner mehr für Garantieleistungen oder Ersatzteile. Doch was tun, wenn Sie nach Rabatten gefragt werden?

Wenn Sie keinen Rabatt gewähren wollen, hätte ich hier für Sie einen interessanten Antwortvorschlag: *„Wissen Sie, wir haben in unserer Firma vor Jahren eine grundsätzliche Entscheidung in diesem Punkt getroffen. Wir begründen lieber unsere Preise und zeigen unseren Kunden den besonderen Nutzen, den er mit unserem Produkt hat, als uns hinterher für Fehler und schlechte Qualität entschuldigen zu müssen."* Diese beiden Sätze sind bewusst allgemein formuliert und sollten natürlich bezogen auf Ihr Produkt oder Ihre Dienstleistung noch kürzer und konkreter ausgefeilt sein. Die Botschaft, die damit gesendet werden sollte, ist dennoch eindeutig.

Vor der Antwort fragen Jetzt gehen wir einmal davon aus, der Kunde fragt nach einem Rabatt von zehn Prozent und Sie sind gewillt diesen auch zu gewähren. Hüten Sie sich davor jetzt gleich zu sagen: „In Ordnung, zehn Prozent kann ich Ihnen geben." Was in diesem Fall oft passiert, ist, dass sich der Kunde freut und sagt: „Schön, ich überlege es mir noch mal." Indirekt heißt das so viel wie: „Ich gehe noch kurz zum Mitbewerber, vielleicht gibt der mir ja 12 Prozent." Ihre zauberhafte Antwort auf eine solche Rabattfrage sollte in etwa so lauten: *„Gehen wir mal davon aus, ich könnte Ihnen die gewünschten zehn Prozent gewähren, würden Sie dann jetzt sofort kaufen?"* Wenn der Kunde nun „Ja" antwortet, dann haben Sie tatsächlich verkauft – das ist der Unterschied.

Praxistipps für Vortrag und Präsentation

Sollten Sie vor Publikum sprechen und sollte anschließend eine offene Diskussion mit Fragen aus der Zuhörerschaft folgen, dann gehen Sie bitte (falls Sie eine Wahl haben) nicht gleich auf denjenigen ein, der zuerst ein Handzeichen gibt. Dies gilt vor allem bei aktiver Zuschauerbeteiligung nach Ihrer Frage, ob denn jemand spontan bereit wäre Sie auf der Bühne zu unterstützen. Meiner Erfahrung nach sind diese „Blitzschnell-wie-komm-ich-rauf-auf-die-Bühne-Menschen" meist für Sie als Vortragenden *bedenklich, wenn nicht sogar gefährlich.* Hier handelt es sich oft um Menschen mit übertriebenem Geltungsbedürfnis, die nicht selten versuchen ihre eigene Show auf der Bühne durchzuziehen. Halten Sie sich deshalb an etwas *ruhigere Menschen in der zweiten Reihe.* Dasselbe gilt für die Zuschauerfragen. Nicht selten sind auch hier die Schnellmelder Menschen, die Sie eher prüfen wollen. Ziehen Sie auch hier zu Beginn Personen vor, die einen etwas ruhigeren Eindruck machen. So können Sie vorweg einige vermutlich freundlicher gesinnte Fragen beantworten und punkten so erst mal bei Ihren Zuschauern auf der Beziehungsebene. Sollten anschließend einige heiße Eisen kommen, genießen Sie hier schon einen wohlwollenden Vorsprung seitens Ihres Publikums.

Magie der Zustimmung Und noch ein besonderer Trick, wenn Sie zu einem Vorhaben die Zustimmung einer Gruppe Menschen benötigen und dies unbedingt durchbringen wollen: Satt zu bitten „Wer dafür ist, möchte jetzt bitte die Hand heben", drehen Sie einfach den Spieß um: *„Wer dagegen ist, möchte jetzt bitte aufstehen!"* Sicher merken Sie den Unterschied. Hier wird von den Gegnern bewusst Aktion gefordert. Sie müssen aus einer Passivität heraus wortwörtlich dazu stehen.

Es kostet stets Überwindung vor vielen anderen öffentlich aufzustehen und nicht selten haben Sie damit zahlreiche „Wackelkandidaten" auf Ihre Seite gezogen. Diese Technik ist eine Mischung aus Fragetechnik und einer Präsentation mit Einbindung des Publikums. Mein Tipp: unbedingt ausprobieren – die Wirkung ist wirklich verblüffend.

Eigenmotivation – und wie Sie „AAG" bleiben

„Wo Menschen sind, da menschelt es", so eine alte Volksweisheit. Dementsprechend durchlebt jeder auch Zeiten, zu denen er einfach nicht himmelhochjauchzend gelaunt ist. Von wegen „Lächle Mehr als Andere" – manchmal helfen sogar nicht mehr die Anfangsbuchstaben. Doch in einer Stunde habe ich eine wichtige Präsentation, was tun? Eine Lösungsmöglichkeit liegt in folgenden drei Buchstaben „PNI". PNI steht für Psycho-Neuro-Immunologie und beschreibt einen Forschungszweig, der sich damit auseinander setzt, wie beispielsweise Krankheiten über die Psyche in den Körper kommen. Meine Botschaft dazu: Wenn psychische Faktoren physische, also körperliche Reaktionen hervorrufen, dann muss das auch umgekehrt funktionieren. Das heißt, gewisse körperliche Reaktionen können psychisch auslösen, dass sich ein Mensch wohler fühlt. Dies bedeutet wiederum für die Praxis, dass Sie sich körperlich *vor Ihrem Auftritt noch etwas Zeit gönnen zu relaxen, an frischer Luft tief durchzuatmen, noch genüsslich eine Kleinigkeit zu essen usw.*

Grins- und Lächeltechnik Des Weiteren hat unser Körper ja über Jahrzehnte gelernt: Wenn wir lachen, geht es uns gut. Lachen bedeutet wiederum, dass eine ganze Reihe von Muskeln, ausgehend von der Wangenpartie, auf bestimmte Punkte drückt. Der Körper weiß nun unter anderem durch diese Impulse, dass es Ihnen gut geht. Wenn es mir einmal nicht so gut geht, aber wie oben beschrieben bei einem wichtigen Auftritt gut gehen sollte, stelle ich diesen Zustand sozusagen künstlich her. Ich begebe mich an einen Ort, an dem mich keiner sieht, und versuche *circa eine Minute intensiv zu grinsen.* Dies wirkt in diesem Moment keineswegs freundlich, doch sieht Sie ja jetzt gerade keiner. Mit dieser Technik wird ein Trauma-Tag sicher nicht zum absoluten Traum-Tag, dennoch ist die Wirkung schon beeindruckend. Einfach mal testen ...!

Wie wird man kreativ? Meine Seminarteilnehmer fragen sehr oft nach einem Patentrezept kreativ zu bleiben, um im Sinne des „AAG"-Faktors immer wieder neue Dinge zu entdecken. Die erste Botschaft dazu: „Die meisten Dinge sind gar nicht neu, sie sind nur neu durch einen anderen Zusammenhang!" Es geht darum, so genanntes *Benchmarketing* aktiv zu betreiben. Das heißt, *Systeme und innovative Verbesserungen auch aus ganz anderen Bereichen zu beobachten* und sich dabei zu fragen: „Wie könnte ich eine solche Erfolgstechnik auf meine Branche übertragen?" Denken Sie hier noch einmal an die angeführte Welpentechnik. Zahlreiche meiner Ansätze kommen von Bühnenauftritten der Zauberkunst. Genauso können wir auch vom Verhalten der Wale, der Geschichte der Indianer und sogar von dem örtlichen Briefträger noch vieles lernen.

Meine Botschaft dazu: Konzentrieren Sie sich auf Ihr Spezialgebiet und *bleiben Sie dennoch äußerst neugierig und offen für alles andere, was täglich auf Sie zukommt!*

Ideen haben keinen Terminplan

Doch jetzt folgt einer der wichtigsten Tipps rund um die Kreativität – Sie müssen Ihre Einfälle *sofort festhalten! Die besten Eingebungen haben keinen Terminplan!* Sie kommen einem meist an den ungewöhnlichsten Orten. Nicht selten entstehen Spitzenideen bei Routinetätigkeiten wie dem Autofahren, dem Lesen oder vielleicht auch mitten im Konzertsaal. Um diese Dinge festzuhalten, habe ich bei mir zahlreiche „Ideenfesthalter" installiert. In meinem Auto liegt ein einfaches *Aufnahmegerät mit Sprachspeicher.* Da bei mir viele gute Ideen vor dem Einschlafen sprudeln, liegt auch ein *Notizblock* in meinem Nachtkästchen. Grundsätzlich trage ich stets meinen *Pocket-PC bzw. Palm* bei mir, in den ich meine Ideen einschreibe, wo auch immer ich gerade bin. Mein wichtigstes und einfachstes Instrument ist jedoch ein *Ideenordner,* der immer sichtbar auf meinem Schreibtisch steht. Positionieren Sie einen solchen Ordner bewusst in Ihrem Blickfeld; er soll Sie stets daran erinnern, dass gute Ideen Ihr Kapital sind. In diesem Ordner findet sich ein buntes Sammelsurium von Dingen, die in mir eine Idee oder Assoziation auslösten. Ich schlage jetzt einfach mal meinen Ordner auf und beschreibe in Stichworten kurz einen Teil dessen, was sich darin befindet. Dies soll Ihnen einen kleinen Eindruck der Vielfalt dieses Instrumentes geben:

Blick in den Ideenordner des Autors und Seminarleiters

★ Zeitungsartikel zur Analyse der Forschungsgruppe Wahlen (warum welcher Politiker gewinnt –Entertainmentfähigkeit)

★ Werbeprospekt „Schifffahrt auf dem Forggensee" bei Füssen (Gedanke an ein Seminarschiff mit anschließendem König-Ludwig-Musical-Besuch)

★ Allianz-Kundenzufriedenheit-Statistik (interessante Ausarbeitung eines mir bekannten Vertriebsleiters, sehr gutes Marketinginstrument)

★ Einladung „Schnuppertour mit Lama" (Das gibt es bisher nur im Freizeitbereich, wie wäre es als besondere Art des Outdoortrainings?)

★ Würfeltest (ein spielerischer Beleg dafür, warum ein Verkäufer langfristig mit mehr Kundenkontakten nahezu immer erfolgreicher ist als andere)

Aus der Trickkiste des Autors

★ Postkarte „Grand Dorado" (Interessante Marketingidee: Diese Freizeitanlage verschickt handgeschriebene Postkarten an künftige Kunden. Natürlich habe ich die Karte auch gelesen, da ich neugierig war, wer mir hier schreibt.)

★ Statistik der Mead Corporations GmbH (Welche betriebliche Veränderungen folgten auf Grund der Übertragung von mehr Verantwortung auf die Mitarbeiter?)

★ Ideensammlung „Impro-Theater" (Bei einem Workshop in Sachen Improvisationstheater kamen mir zahlreiche Ideen dies auch im Business anzuwenden.)

★ Bonsai-Workshop-Einladung (Auf dem Lande nahe Würzburg gibt es einen Spezialisten, der aus heimischen „Fehlerbäumen" traumhafte Bonsai zaubert. Ich durfte dort einmal den Garten besuchen, der einfach etwas Magisches hat)

★ Zeitschriften-Artikel mit Extrem-Bild (Eine riesige Milchschüssel, in der ein Kleinkind die Hände badet und gleichzeitig unter unzähligen Ratten spielt. Die Botschaft – im hinduistischen Rattentempel von Deshnok werden die heiligen Tiere mit Milch gefüttert. Das war für mich wieder ein gutes Beispiel dafür, dass es immer mindestens zwei Wahrheiten gibt. Der eine findet Ratten widerlich, der andere vergöttert sie und jeder hat auf seine Weise Recht. Das sind natürlich für Seminare sehr wertvolle Beispiele, die meine Botschaften griffig machen.)

Immer wieder mal durchblättern

Ich denke, das genügt, um Ihnen einen Eindruck über die Vielfalt und den Nutzen eines solchen Ordners zu geben. Darin sind auch einfach für mich beeindruckende Dinge abgeheftet, wie beispielsweise der Bonsai-Garten. In diesem speziellen Fall steckt momentan noch nicht mal eine Idee dahinter, doch auch die wird kommen, wenn die Zeit dafür reif ist. Alle vier Wochen etwa blättere ich einen Teil dieser Sammlung durch, setze wieder Ideen um oder spinne einfach einige Gedanken davon weiter. Mit diesem zauberhaften Werkzeug können Sie ganz sicher sein, dass eine Ihrer wichtigsten Ressourcen nie ausgehen wird – Ihr Ideenpotential.

Dieser Ansatz des Ideen-Festhaltens ist auch einer der Hauptgründe dafür, dass ich Ihnen in diesem Buch reichlich Umsetzungsfragen stelle. Ich möchte hier Ihre wertvollen Ideen und Assoziationen zu Ihrer Branche für Sie festhalten. Deshalb hier noch eine Umsetzungsfrage.

Insider-Tricks – oder: weitere Praxis aus der Trickkiste des Autors. Folgende Anregungen haben mich spontan aus diesem Kapitel angesprochen. (Bitte einfach mal zurückblättern.) Das setze ich um:

_____

_____

_____

_____

_____

_____

Zu guter Letzt – einer der heißesten Tricks dieses Buches – mein Eigentraining:
Durch meine sportliche Zeit als Langläufer war ich es sehr früh gewohnt erfolgreich mit Trainingsplänen zu arbeiten. Um so mehr bin ich erstaunt, dass ich dieses Modell bis heute in meinem Beruf als Trainer beruflicher Leistungen nirgends entdecken konnte.
Inzwischen gehören Minitrainingspläne sowohl zum Erfolgswerkzeug meiner Seminarteilnehmer als auch zu meinem täglichen Eigentraining.

Konkret   Wenn wir ehrlich zu uns sind, strömen täglich Hunderte, ja Tausende Botschaften bewusst wie unbewusst auf uns ein. Ist es da nicht mehr als menschlich, dass unsere eigene Festplatte Zahlreiches verwirft? Dazu kommt noch, dass Situationen, auf die wir teilweise fehlerhaft reagieren, stets in neuem Gewand auf uns zukommen. Oft erkennen wir dann diese „modernen Schlagfallen" nicht gleich und treten wieder direkt ins Fettnäpfchen. Das Lösungswort dazu heißt Training. Nein, keine

Angst, ich will Sie jetzt nicht in mein Seminar locken, es geht hier um ein weiteres kostenfreies Werkzeug für Sie!

Mein Minitrainingsplan besteht aus kleinen Trainingskärtchen. Diese haben eine Größe von 6,5 x 4,5 Zentimeter. Insgesamt trage ich immer etwa fünf dieser Kärtchen in meiner Geldbörse *sichtbar* bei mir. *Jede Woche* wandert *ein anderes Trainingskärtchen* nach oben und erinnert mich daran, dass ich genau das üben wollte, was auf dem Trainingskärtchen steht. Denken Sie doch mal darüber nach, wie oft Sie pro Woche Ihr Portmonnaie öffnen und so bewusst an Ihr Training denken. Sie können gar nicht anders, als noch besser zu werden.

Was auf meinen Trainingskärtchen steht, wollen Sie wissen? Einige Beispiele:

★ **Bewusstes Tun** (Das hat damit zu tun, dass ich gern esse und dabei schon wieder Ideen nachsinne. Es geht für mich darum Essen wieder zu genießen und vor allem langsamer zu speisen.)

★ **Aktiv zuhören** (Na, die Frage kennen Sie ja schon: „Wer ist der wichtigste Mensch in meinem Leben?" „Der, mit dem ich gerade spreche." Ich selbst muss hier auch immer wieder trainieren.)

★ **Nicht schlecht über andere sprechen** (Wow, das ist wirklich hart, wo man doch ständig dazu verleitet wird. Dazu gehört auch, öffentlich dazu zu stehen – sprich: wenn in einer Gruppe schlecht über eine andere Person redet, darauf hinzuweisen: „Geh und klär das doch bitte mit demjenigen unter vier Augen!" Wenn das nur die Hälfte aller Mitarbeiter deutscher Unternehmen umsetzen würden, hätten wir kaum noch Mobbing-Probleme.)

★ **Gerne einen Fehler zugeben** (Noch einmal: Trainer, Lehrer, Redakteure, Vorgesetzte und andere haben gute Chancen, einen Mangel an Selbstkritik zu entwickeln. Warum? Weil sie dazu tendieren ein Leben lang Recht zu haben – dieses Kärtchen hilft.)

★ **Jeden Tag eine gute Tat** (Das kennen Sie sicher noch von den Pfadfindern – ein Vorhaben mit wirklich enormer Wirkung – also Training, Training, Training!)

Nachstehend finden Sie eine wichtige Doppelseite. Links mit Ihrer ersten *Apfel-Liste*, rechts mit *neutralen Trainingskärtchen*. Lassen Sie jetzt wie bei einem Daumenkino das Buch an den Seiten rechts oben noch einmal abrauschen. Das Buch stoppt Sie automatisch an den abgerissenen Ecken Ihrer Aufgabenseiten. (Bitte sicherheitshalter auch auf der Rückseite nachsehen, vielleicht hatten Sie sich ja hier auch etwas Wichtiges vorgenommen – auch bei einem Zauberbuch hat eine Vorder- und Rückseite eine gemeinsame obere Außenecke.) Hier haben Sie sich selbst entschlossen etwas umzusetzen – oder wollen Sie jetzt etwa kneifen? Übertragen Sie diese Aufgaben gesammelt als **Stichworte in Ihre Apfel-Liste.** Nachdem Sie alle Aufgaben übertragen haben, vergeben Sie dann Ihre **Prioritäten von eins bis drei.** Den Rest lassen Sie bitte offen, da wir ja hier keine Tages- bzw. Wochenplanung vornehmen.

Ihre **1er-Prioritäten übertragen** Sie dann in Ihre **Trainingskärtchen** auf der gegenüberliegenden Seite. Bringen Sie diese auch anschließend in eine zeitliche Reihenfolge, indem Sie links das **KW-Feld ausfüllen.** KW steht für Kalenderwoche, sprich wann Sie das Ganze anpacken möchten.

Sollten Sie weniger als fünf Kärtchen haben, dann füllen Sie mit **2er-Prioritäten** auf. Diese **fünf Kärtchen** dann bitte **ausschneiden** und **optisch aufdringlich aufbewahren.** Bei mir ist das die Geldbörse, bei Ihnen vielleicht der Terminplaner, der Rand vom PC-Bildschirm, die Innenklappe des Palm oder Handys, im Cockpit Ihres PKW, am Spiegel im Bad – lassen Sie sich einfach etwas einfallen.

Wenn Sie Ihre fünf Hauptprioritäten umgesetzt haben – und erst dann –, packen Sie Ihre nächsten Aufgaben an. Lassen Sie sich ruhig Zeit, denn auch hier gilt: weniger ist oft mehr. Ich wünsche Ihnen viel Erfolg bei Ihrem Training!

Apfel-Liste:		Tag:		
Auflisten	Priorität	Fusionieren/ Delegieren	Einschätzen/ Zeitbedarf	Lieber kontrollieren bei Nein: Wann dann? Warum?

marketing é motion – oliver alexander kellner – www.simsalawin.de

Meine Seminarbuch-Apfel-Liste

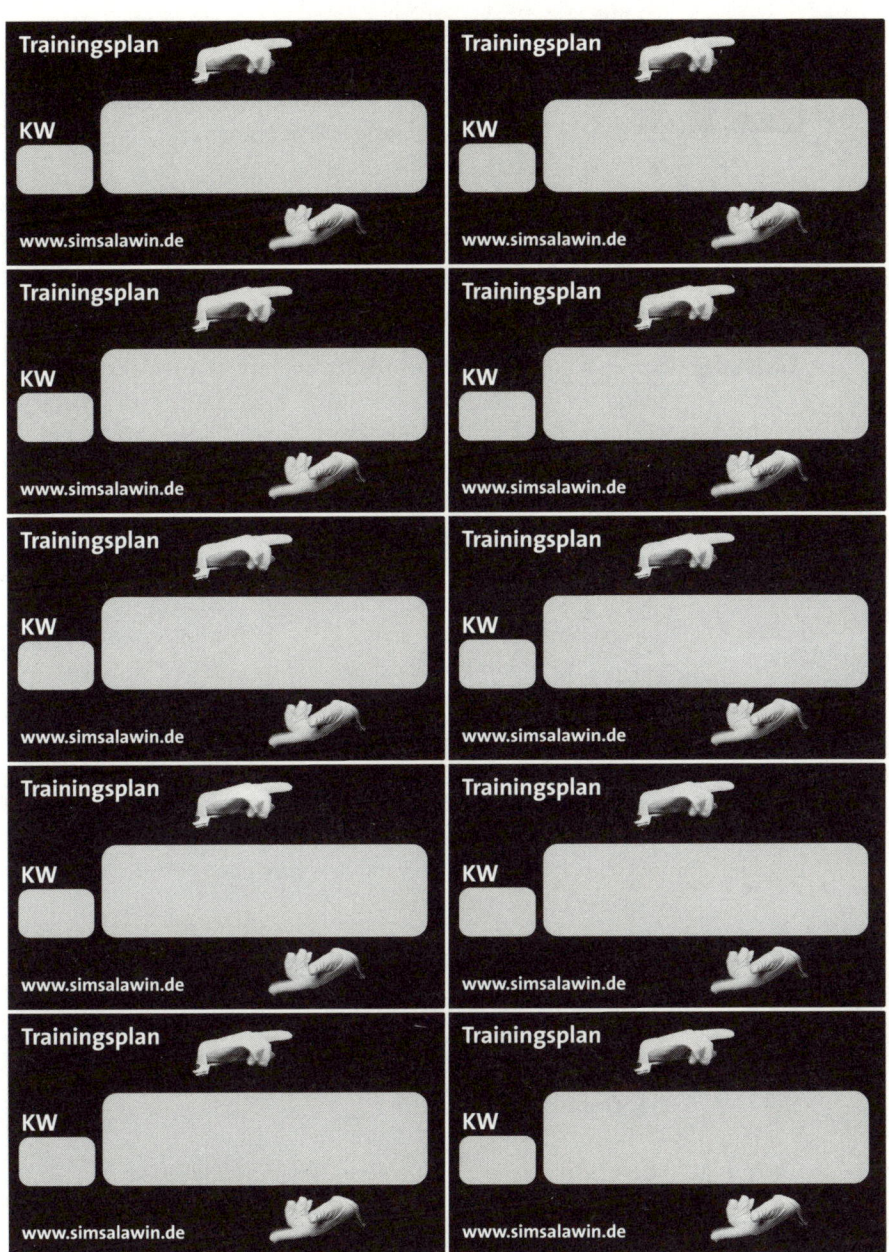

Trainingskärtchen für meine Umsetzung

Aus der Trickkiste des Autors

Das Finale: die Schwebeillusion in der Zauberbox

Ich freue mich Ihnen dieses optische Juwel präsentieren zu können. Der Traum von der Schwerelosigkeit wird damit wahr. Ein Kunststück, das Sie innerhalb drei Sekunden vorführen können und über das Sie selber staunen werden.

Diesmal eine kleine Idee für das lockere Beisammensein an der Bar nach einem langen Besprechungstag oder ähnliche Situationen.

Das erlebt der Zuschauer

Sie erzählen, dass Sie neulich Post, genauer gesagt Luftpost aus den USA bekommen haben. Jetzt wollten Sie Ihrerseits zurückschreiben und gingen zum örtlichen Briefzentrum. Der Postangestellte am Schalter nahm Sie zur Seite und empfahl Ihnen spezielle Luftpostbriefmarken. Erklären Sie, dass Ihnen die Bedeutung einer solchen Luftpostbriefmarke erst vor kurzem klar wurde. Sie nehmen daraufhin eine einzelne Spielkarte, zeigen diese offen allen Beteiligten vor und holen zudem eine Briefmarke aus Ihrem Portemonnaie. Sie legen die Briefmarke auf die Spielkarte, schnippen in die Finger und langsam, in Zeitlupe, beginnt die Briefmarke nach oben zu schweben. Die Zuschauer werden ihren Augen kaum glauben und dieser Akt wird sicher zum Gesprächsthema Nummer eins am nächsten Tag. Und nicht vergessen: Lassen Sie sich nicht hinreißen das Ganze gleich wieder zu zeigen! Ein guter Zauberkünstler zeigt seine Illusion einmal und genießt. Am folgenden Tag können Sie immer noch sagen, Sie hätten den Brief noch gestern Nacht eben per Luftpost abgeschickt.

Der Trick

Diese Spezialkarte ist mit mehreren hauchdünnen, „unsichtbaren" Fäden belegt. Durch den Druck Ihrer Fingerkrümmung wölbt sich die Karte nach unten, die Fäden bleiben in der Waagerechten und die Illusion entsteht, dass der darauf liegende Gegenstand schwebt.

Achtung!

Diese „unsichtbaren" Fäden sind sehr empfindlich. Gehen Sie damit äußerst vorsichtig um und achten Sie darauf, dass Sie nirgends hängen bleiben. Auch sollten Sie nach dem Schwebevorgang die Briefmarke nicht mit der Hand abnehmen, sondern diese nur durch Schräghalten der Karte herunterkippen. Im mitgelieferten Etui ist Ihre Karte sehr gut geschützt. Trotzdem immer behutsam aus der Hülle nehmen! Für den Fall, dass einmal ein Faden reißen sollte, habe ich am Schluss der Kunststücksanleitung extra eine kleine Reparaturanleitung beschrieben.

① Ausgangsposition der Karte. Fäden laufen oben auf, natürlich unsichtbar.

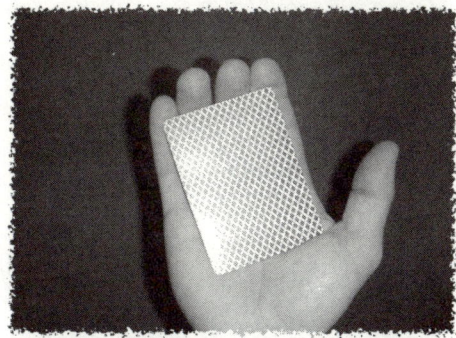

② Jetzt Gegenstand auflegen und mit den Fingern Druck gegen den Handballen ausüben.

③ Die Karte wölbt sich bauchig nach unten, die Luftpostmarke schwebt. Wir haben in diesem und im nächsten Bild bewusst versucht die hauchdünnen Fäden so anzustrahlen, dass sie blitzen. Zum Glück ist uns auch dies kaum gelungen, doch vielleicht können Sie die Fäden rechts oben leicht erahnen.

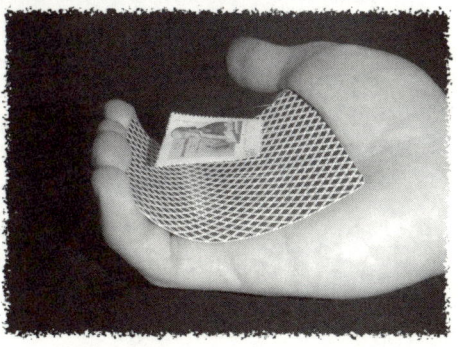

Natürlich können Sie auch andere leichte Gegenstände wie zum Beispiel ein Streichholz oder ein kleines Firmenlogo schweben lassen. Die Handhabung der Schwebekarte übernehmen Sie der Bilderserie.

Und so sieht das Ganze beispielsweise mit einem schwebenden Streichholz aus. Was hier bildlich nur schwer zu zeigen ist, wird live zur beeindruckenden Illusion!

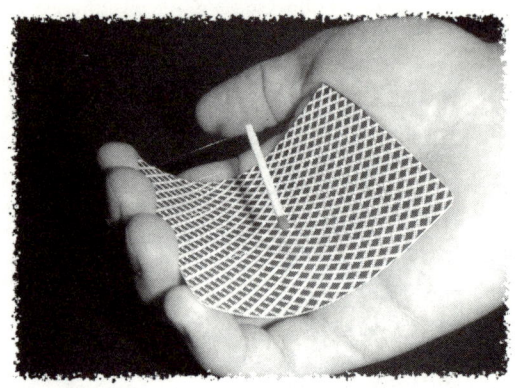

Tipp Die Einleitungsidee dieses Kunststück neben oder an der Bar zu zeigen, kommt nicht von ungefähr. Sobald Sie mit Fäden arbeiten, besteht manchmal die Gefahr des „Blitzens". Dies bedeutet eine Reflexion des Lichtes am Faden – der damit sichtbar wird. Eine zusätzliche Sicherheit ist ein etwas gedämmtes Licht am Abend auszunutzen. Weiterhin hilft es die Karte nicht absolut ruhig, sondern in sehr gediegener Bewegung zu halten. Zudem kann etwas Abstand zum Publikum nie schaden. Wenn Sie diese drei Anregungen etwas beachten, wird garantiert niemand diese Fäden jemals sehen!

Reparatur Was passiert, wenn einmal einer dieser Fäden reißt, durch Hängenbleiben oder andere „Unfälle"? Da ja mehrere Fäden gespannt sind, wird der Gegenstand auch an mehreren Punkten getragen und Sie können die Karte erst einmal normal weiterverwenden.

Da jedoch allein dieses Schwebegimmick im Zauberhandel zum Teil für über die Hälfte der Investition für Ihre gesamte Zauberbox gehandelt wird, möchte ich Ihnen hier auch einen Reparaturtipp geben. Im Fachhandel für Handarbeit erhalten Sie so genanntes Elasthan. Das verarbeiten Strickerinnen gleichzeitig mit der Wolle, was dem Pulli gewisse Dehnungseigenschaften verleiht (man merkt an der Formulierung, dass ich nicht stricke). Dieses Elasthan ist ein dehnbarer Faden, den man zu unsichtbaren Fäden aufspleißen kann. Sie nehmen also ein scharfes Messer, teilen diesen Faden und teilen den geteilten Faden wieder und wieder ... bis er abreißt und Sie von neuem beginnen, da Ihnen jetzt klar ist, dass Sie zu weit gegangen sind. Im Ernst: Durch die Teilung entstehen hauchdünne unsichtbare Fäden, die Sie zu einer Schlinge verknoten und einfach über die Längsachse Ihrer Karte spannen, fertig. Eine solche Rolle Elasthan reicht für mindestens fünf Zaubergenerationen und meine Altrolle kostete noch zu DM-Zeiten gerade 2.95 DM.

Schlüsselbegriffe:
★ HB-Männchen oder: Wer wird denn gleich in die Luft gehen?
★ nichts leichter als das ...
★ kein Produkt lässt sich leichter verkaufen
★ wer hoch hinaus will, baut auf unsere Produkte
★ wichtig ist nach unserem Erfolg, dass wir jetzt nur nicht abheben ...

Infiziert vom Virus Magicus?

„Zauberei ist nicht alles, aber ohne Zauberei ist alles nichts", so formulierte mein Zauberkollege und Freund Perry mit wenigen Worten ein bekanntes Zitat um, und er hätte es treffender nicht ausdrücken können.

Ich freue mich, wenn dieses Werk Sie auf die Zauberkunst neugierig machen konnte. Doch wie geht es weiter auf dem Weg zum schönsten Hobby bzw. Beruf der Welt? Als Autor dieses Buches empfehle ich Ihnen als Erstes meine Zauberbox, Ihren ersten kleinen Business-Zauberkoffer (wie kann's auch anders sein?). Dieser ist ebenfalls über den Buchhandel vom Ueberreuter Wirtschaftsverlag erhältlich. Darin befinden sich speziell ausgewählte Tricks für Präsentations-, Messe- und Partyzauberei, die teilweise auch von Profizauberern in ähnlicher Form genutzt werden. Der große Unterschied liegt jedoch darin, dass Sie diese Kunststücke bereits morgen, ohne stundenlanges Üben, vorführen können. Diese besondere Zauberbox soll Sie mit Begeisterung der Zauberkunst näher bringen.

Der nächste Schritt ist in der Regel die Kontaktaufnahme mit Ihrem nächstliegenden Ortszirkel. Ein Ortszirkel ist ein Treffen von Zauberern mit dem Ziel die Magie gemeinsam zu pflegen und zu fördern. Hier finden sich stets auch verschiedene Berufsgruppen vom Studenten über den Mechaniker bis hin zum Professor, was die Vielseitigkeit der Zauberei spiegelt und Magie besonders spannend macht. Diese Ortszirkel haben oft auch einen so genannten Gästezirkel eingerichtet, bei dem sie ernsthaft an der Zauberkunst Interessierte herzlich willkommen heißen. Magische Ortszirkel sind bundesweit verteilt und organisiert im Magischen Zirkel von Deutschland e.V. (MZvD). Informationen zum MZvD – bzw. wo sich der nächste Ortszirkel nahe Ihrer Heimat befindet – erhalten Sie im Internet unter www.mzvd.de.

Parallel dazu gibt es inzwischen auch so genannte Zauberschulen, in denen Sie fachgerecht ein Intensivcoaching erfahren. Zwei Adressen dazu finden Sie im Anhang.

Grundsätzlich geht es in der Zauberei vorrangig darum, die eigenen Wurzeln in dieser Kunst zu finden. Jeder Profi wird Ihnen bestätigen, dass der Trick alleine gar nichts bringt – es ist die Art Ihrer Persönlichkeit, wie Sie den Trick zur Kunst modellieren. Deshalb sprach ich eingangs statt von „so lernen Sie zaubern" vom „Weg zur Zauberei".
Damit anzugeben, dass man weiß, wie ein Trick funktioniert, ist eher ein Armutszeugnis. Ich selbst bekomme immer wieder in meinem Ortszirkel von Kollegen Kunststücke zu sehen, von denen ich nicht weiß, wie sie funktionieren. Und ich bin da ganz ehrlich: Es ist auch als Zauberer ein Genuss verzaubert zu werden!
Das Gegenteil davon sind öffentliche Erklärersendungen bestimmter Fernsehsender, bei denen Zauberei rein auf die Gier der Enthüllung beschränkt wird. Dies schadet leider der ganzen magischen Szene, da es nicht den ernsthaft Interessierten, sondern den „Ich-weiß-wie's-geht-Menschen" fördert. Das Schöne wiederum ist, dass ein Publikum sehr schnell spürt, ob ein späterer Zauberer sich selbst nur mit Tricktechnik produziert oder sein Handwerk liebt und lebt.
Mit solchen „Erklärerzauberern" haben natürlich viele regionalen Ortszirkel und auch diverse Zauberhändler ihre negativen Erfahrungen machen müssen. Deshalb wundern Sie sich bitte nicht, wenn ein Ortszirkel Sie als Neuling erst einmal etwas beschnuppern möchte. Es geht nicht darum am ersten Abend das Geheimnis der zersägten Jungfrau zu lüften, sondern gemeinsam die Freude an einer der schönsten Nebensachen der Welt zu pflegen.

Viel Freude dabei wünscht Ihnen

Ihr Oliver Alexander Kellner

Ein herzliches Dankeschön ...

möchte ich an dieser Stelle denen sagen, die mich über all die Jahre gefordert und gefördert haben und somit zum Gelingen dieses Werkes beitrugen. Hier seien nur einige genannt:

Natürlich alle meine Praxislehrer,
Peter – der beste Lehrlingsausbilder Deutschlands,
Kuni – im Allgäu Schuhverkäufer Nummer eins,
Harry – mein journalistischer Lehrer – Herr aller Blattmacher und Schlagzeilen,
Matthias Pöhm – Bestsellerautor, Trainer, Kollege und für mich freundschaftlich-wichtiger Impulsgeber
Helmut – Trainer, Coach und Freund in allen Lebenslagen
Perry – einer der besten Zauberer Deutschlands (von ihm stammt auch der Trick „Sie wollen anderen Zeit schenken – vielen Dank!)
Sir Walter D. – mit über 80 Jahren und über 70 Kreuzfahrten eine der Juwelen unseres Zirkels
Willi D. – seinerzeit mein „magischer Vater" zur Prüfungsvorbereitung des MZvD
alle meine Freunde vom Magischen Ortszirkel Mindelheim
die zahlreichen Seminarteilnehmer und Freunde
das gesamte Team vom Wirtschaftsverlag Carl Ueberreuter
meine Familie mit Dani, Laura und Lukas
meine Mutter – samt meinen Schwiegereltern und Schwägerinnen
unser Hase Dr. Cheeser, der jetzt Stupsi heißt
und alle, die ich an dieser Stelle vergessen haben sollte

... und natürlich auch ein großer Dank an Sie, liebe Leser. Bleiben Sie gesund, setzen Sie zauberhaft um und *informieren Sie mich über Ihre Erlebnisse rund um dieses Werk.*

Kontaktadresse: marketing é motion – wir zaubern Potenziale!

Trainings, Vorträge, Einzelcoaching

Oliver Alexander Kellner
An der Wilhelmshöhe 13
87463 Dietmannsried-Probstried

E-Mail: o.kellner@t-online.de
Internet: www. simsalawin.de

Trainings
Vorträge
Einzelcoaching

Buchtipps – Literaturverzeichnis – Bezugsadressen ...

Es ist sicher schwierig begleitend zu einer Trainerlaufbahn stets alle Quellen und Wurzeln eines Werkes zu nennen. Viele Kollegen und Kolleginnen haben mich die letzten Jahre durch ihr Handeln und ihre Botschaften kreativ inspiriert – vielen Dank dafür.

So gibt es zum Beispiel den „Brief an mich selbst" bereits sehr lange in der Seminarpraxis, doch war es mir hier nicht möglich einen Erstveröffentlicher herauszufinden. In diesem Sinne möchte ich Ihnen nachstehend einfach einige Anregungen für Ihre zauberhafte Weiterentwicklung präsentieren und hoffe auf Informationen von Freunden und Kollegen, sollten Sie irgendwo weitere Impulsgeber entdecken:

Vergessen Sie alles über Rhetorik, Matthias Pöhm, mvg-Verlag, ISBN 3-478-73231-X

Zeitgewinn durch Selbstmanagement, Martin Scott, Campus-Verlag, ISBN 3-593-36681-9

FISH! – ein ungewöhnliches Motivationsbuch, S. Lundin + H. Paul + J. Christensen, Ueberreuter Wirtschaftsverlag, ISBN 3-7064-0756-6

Sagenhafte Geschichten von heute – Die Spinne in der Yucca-Palme ... (Moderne Wandersagen), R. Brednich, Verlag C.H. Beck, ISBN 3-406-38170-7

Heute ist mein bester Tag, Arthur Lassen, LET-Verlag, Telefon: 06181/9775-0, let-verlag.de.

Das Mind-Map Buch, Tony Buzan + Barry Buzan, mvg-Verlag, ISBN 3-478-71731-0

NonPlusUltra der Schlagfertigkeit, Matthias Pöhm, mvg-Verlag,

Der Weg zum Glück, Dalai Lama, Herder Verlag, Freiburg, ISBN 3-451-27637-2
Kontakte knüpfen und beruflich nutzen, Gudrun Fey, walhalla Verlag, ISBN 3-8029-4549-2

Virtuoses Marketing, Klaus Kobjoll, mvg Verlag, ISBN 3-478-81207-0

Quellen Artikel Thema „Zahnbürsten", Quelle: Wochenblatt Wangen,

Artikel Thema „Kommunalwahl", Quelle: Allgäuer Zeitung

Bezugsadressen Anregung Recyclingkuverts – Informationen unter: www.direktreycling.de

Lizenzfreie Profi-Fotos:
MEV Verlag gmbH, Wolframstraße 3, 86161 Augsburg, Telefon 0821/56862-0, www.mev.de

„Zauberhafte Visitenkartentasche",
Bezug über: Bindesysteme-Schönherr, Telefon 04105/861 111, www.schoenherr.de

Eisbrecher-Tricks für Pocket-PC und PALM,
www.hottrix.com (Stichwort: Kaffee aus Palm trinken)

SIZUKU-Uhr (Software), Bezug über: E.M. Media, 76879 Ottersheim, Telefon 06348/919537, www.em-media.de

Zauberbleistifte mit Schlinge (Teufelsbleistift):
Firma bartl, Brunnthaler Str. 17, 84518 Garching an der Alz, Telefon 08634/9885-0

Rekordanmeldung Guinness-Buch der Rekorde im Internet unter www.guinness-verlag.de

Duftmarketing (Beratung + Geräte), Grorymab AG Switzerland, CH-3380 Wangen a/Aare, Tel ++41-32-631 29 56, www.grorymab.com.

Zauberadressen Magischer Zirkel von Deutschland e.V. (MZvD), Internationale Vereinigung der Zauberkünstler zur Pflege und Förderung der magischen Kunst, Informationen unter www.mzvd.de

Zauberschulen Christian Jedinat, Jonglier- und Zauberartikel, 69207 Sandhausen, Tel. 06224/924207, www.jedinat.de

ZauberAkademie Deutschland GmbH, 82049 Pullach bei München, Telefon 089/7938283, www.zauberzentrale.de.

Zauberartikel **Bezug siehe unter „Zauberschulen" und bei:**
Stolina Magie, 59302 Oelde, Telefon 02522/4258, www.stolina.de

Magic by Boretti, 67433 Neustadt, Telefon 06321/84658, www.boretti-shop.de

MCH Detlef Hartung, Wehrstraße 7, 35647 Kraftsolms, Telefon 06085/970304

Zauberhaftes von Kellerhof, Am Buschhof 24, 53227 Bonn, Telefon 0228/441668

Eckkhard Böttcher Zauber-Butike, Postfach 1343, 82169 Puchheim, Telefon 089/808230

Österreich: Viennamagic, Marxergasse 7, A-1030 Wien, Telefon +43-1-713-4720

Schweiz: Zauberladen Zürich, Rieterstraße 102, CH-8002 Zürich, Telefon +41-1-2019800

Gebrauchte Zauberartikel, Eigenproduktion & Schnäppchen: Magic of Peter Pan, Telefon 069/21939551, 60311 Frankfurt, www.MAGshop.de.

Zauberfachbücher Zauberkunst, Werner Waldmann, Hugendubel Verlag (zudem mit ausführlichem Geschichtsteil)

Zauberei und Schauspielkunst, Christian Scherer, erhältlich im Zauberfachhandel (sehr viel Hintergrundwissen für die Bühne)

Zaubertricks, Jochen Zmeck, Falken Verlag (zahlreiche Tricks, hier zu erwähnen ist auch das „Handbuch der Magie" vom gleichnamigen Autor, das heute immer noch das Vorbereitungsbuch zur Aufnahmeprüfung für den MZvD ist)

Zaubern für Dummies, David Pogue, mitp Verlag (hauptsächlich Tricks)

Aktuell mit die besten Zauberfachbücher bekommen Sie unter den folgenden beiden Adressen:

www.zauberbuch.de von Dr. Oliver Ehrens und

www.sic-verlag.de von den Herren Schenk und Sondermeyer.

Verzeichnis der Zauberkunststücke

Stichwortverzeichnis

WASSER ZAUBERN

KINDER NOT HILFE

... und ein richtiges Essen! „Sim Sala Win" steht nicht nur für vorausschauende Erfolge, sondern auch für nachhaltige Hilfe. Erleben Sie die Magie einer Patenschaft!

☏ 0180 / 33 33 300   www.kindernothilfe.de

Verkaufen leben lernen nach der SIM SALA WIN - Methode

S = Sehr **I** = Interessierter **M** = Mensch		= Persönlichkeit

S = Start-Phase **A** = Analyse **L** = Lebendige Präsentation **A** = Abschluss		= V e r k a u f
W = Wirkt **I** = In **N** = Netzwerken		= Kunde verkauft

Vorträge
Seminare
Einzelcoaching

marketing é motion - oliver alexander kellner - o.kellner@t-online.de – www.simsalawin.de